曾耀寰◎主編

# 當天文遇上其他科學

臺灣商務印書館

當天文遇上其他科學／曾耀寰主編.--初版.--臺北市：臺
灣商務，　2011. 11
　　　面　；　公分. --（商務科普館）

　ISBN 978-957-05-2650-9(平裝)

　1. 天文學　2. 文集

320.7　　　　　　　　　　　　　　100018465

**商務科普館**

# 當天文遇上其他科學

作者◆曾耀寰主編
發行人◆施嘉明
總編輯◆方鵬程
主編◆葉幗英
責任編輯◆徐平
美術設計◆吳郁婷

出版發行：臺灣商務印書館股份有限公司
臺北市重慶南路一段三十七號
電話：(02)2371-3712
讀者服務專線：0800056196
郵撥：0000165-1
網路書店：www.cptw.com.tw
E-mail：ecptw@cptw.com.tw
網址：www.cptw.com.tw
局版北市業字第 993 號
初版一刷：2011 年 11 月
定價：新台幣 300 元

ISBN 978-957-05-2650-9

# 科學月刊叢書總序

◎—林基興

《科學月刊》社理事長

公益刊物《科學月刊》創辦於 1970 年 1 月，由海內外熱心促進我國科學發展的人士發起與支持，至今已經四十一年，總共即將出版五百期，總文章篇數則「不可勝數」；這些全是大家「智慧的結晶」。

《科學月刊》的讀者程度雖然設定在高一到大一，但大致上，愛好科技者均可從中領略不少知識；我們一直努力「白話說科學」，圖文並茂，希望達到普及科學的目標；相信讀者可從字裡行間領略到我們的努力。

早年，國內科技刊物稀少，《科學月刊》提供許多人「（科學）心靈的營養與慰藉」，鼓勵了不少人認識科學、以科學為志業。筆者這幾年邀稿時，三不五時遇到回音「我以前是貴刊讀者，受益良多，現在是我回饋的時候，當然樂意撰稿給貴刊」。唉呀，此際，筆者心中實在「暢快、叫好」！

《科學月刊》的文章通常經過細心審核與求證，圖表也力求搭配文章，另外又製作「小框框」解釋名詞。以前有雜誌標榜其文「歷久彌新」，我們不敢這麼說，但應該可說「提供正確科學知識、增進智性刺激思維」。其實，科學也只是人類文明之一，並非啥「特異功能」；科學求真、科學可否證（falsifiable）；科學家樂意認錯而努力改進——這是科學快速進步的主因。當然，科學要有自知之明，知所節制，畢竟科學不是萬能，而科學家不

可自以為高人一等，更不可誤用（abuse）知識。至於一些人將科學家描繪為「科學怪人」（Frankenstein）或將科學物品說成科學怪物，則顯示社會需要更多的知識溝通，不「醜化或美化」科學。科學是「中性」的知識，怎麼應用科學則足以導致善惡的結果。

科學是「垂直累積」的知識，亦即基礎很重要，一層一層地加增知識，逐漸地，很可能無法用「直覺、常識」理解。（二十世紀初，心理分析家弗洛伊德跟愛因斯坦抱怨，他的相對論在全世界只有十二人懂，但其心理分析則人人可插嘴。）因此，學習科學需要日積月累的功夫，例如，需要先懂普通化學，才能懂有機化學，接著才懂生物化學等；這可能是漫長而「如倒吃甘蔗」的歷程，大家願意耐心地踏上科學之旅？

科學知識可能不像「八卦」那樣引人注目，但讀者當可體驗到「知識就是力量」，基礎的科學知識讓人瞭解周遭環境運作的原因，接著是怎麼應用器物，甚至改善環境。知識可讓人脫貧、脫困。學得正確科學知識，可避免迷信之害，也可看穿江湖術士的花招，更可增進民生福祉。

這也是我們推出本叢書（「商務科普館」）的主因：許多科學家貢獻其智慧的結晶，寫成「白話」科學，方便大家理解與欣賞，編輯則盡力讓文章賞心悅目。因此，這麼好的知識若沒多推廣多可惜！感謝臺灣商務印書館跟我們合作，推出這套叢書，讓社會大眾品賞這些智慧的寶庫。

《科學月刊》有時被人批評缺乏彩色，不夠「吸睛」（可憐的家長，為了孩子，使盡各種招數引誘孩子「向學」）。彩色印刷除了美觀，確實在一些說明上方便與清楚多多。我們實在抱歉，因為財力不足，無法增加彩色；還好不少讀者體諒我們，「將就」些。我們已經努力做到「正確」與「易懂」，在成本與環保方面算是「已盡心力」，就當我們「樸素與踏實」吧。

從五百期中選出傑作，編輯成冊，我們的編輯委員們費了不少心力，包

括微調與更新內容。他們均為「義工」，多年來默默奉獻於出點子、寫文章、審文章；感謝他們的熱心！

　　每一期刊物出版時，感覺「無中生有」，就像「生小孩」。現在本叢書要出版了，回顧所來徑，歷經多方「陣痛」與「催生」，終於生了這個「智慧的結晶」。

# 「商務科普館」
# 刊印科學月刊精選集序

◎──方鵬程

臺灣商務印書館總編輯

「科學月刊」是臺灣歷史最悠久的科普雜誌，四十年來對海內外的青少年提供了許多科學新知，導引許多青少年走向科學之路，為社會造就了許多有用的人才。「科學月刊」的貢獻，值得鼓掌。

在「科學月刊」慶祝成立四十週年之際，我們重新閱讀四十年來，「科學月刊」所發表的許多文章，仍然是值得青少年繼續閱讀的科學知識。雖然說，科學的發展日新月異，如果沒有過去學者們累積下來的知識與經驗，科學的發展不會那麼快速。何況經過「科學月刊」的主編們重新檢驗與排序，「科學月刊」編出的各類科學精選集，正好提供讀者們一個完整的知識體系。

臺灣商務印書館是臺灣歷史最悠久的出版社，自一九四七年成立以來，已經一甲子，對知識文化的傳承與提倡，一向是我們不能忘記的責任。近年來雖然也出版有教育意義的小說等大眾讀物，但是我們也沒有忘記大眾傳播的社會責任。

因此，當「科學月刊」決定挑選適當的文章編印精選集時，臺灣商務決定合作發行，參與這項有意義的活動，讓讀者們可以有系統的看到各類科學

發展的軌跡與成就，讓青少年有興趣走上科學之路。這就是臺灣商務刊印
「商務科普館」的由來。

　　「商務科普館」代表臺灣商務印書館對校園讀者的重視，和對知識傳播
與文化傳承的承諾。期望這套由「科學月刊」編選的叢書，能夠帶給您一個
有意義的未來。

2011 年 7 月

# 主編序

◎──曾耀寰

2009 年是全球天文年，紀念伽利略使用天文望遠鏡四百年，由於天文望遠鏡的使用，天文學的科學研究才算踏實。若單就天文的發展起源，時間可以推前到西元前 4000 多年，在現今的英格蘭出現環狀的巨石陣，據說巨石排列位置和夏至的太陽升起位置有關，另外埃及金字塔內的通道，也有指向天狼星的設計。其他像是古代的圭表、十字儀、渾儀、簡儀、赤道經緯儀、黃道經緯儀、地平經儀、地平經緯儀、象限儀、紀限儀、璣衡撫辰儀等，這些精巧的儀器主要用於觀測天上星體的位置，雖然人類仰觀天象的歷史長達數千年，但唯有天文望遠鏡的使用，不僅更清楚地記錄星體位置，還能進一步分析望遠鏡收到的星光，隨著相關科學的進展，天文學已經成為一門嚴格的自然科學，並藉由相關觀測儀器的協助，開始加入實驗科學的行列。

初期天文觀測除了不斷地改良可見光望遠鏡，增加影像的品質，並提高影像的空間解析度，天文學家除了可以將星體看得更清楚，並且可以獲得星光亮度的空間分布。但只有位置和亮度的仔細紀錄是不夠的，若要認識宇宙，還需要對星光做更仔細的分析。除了亮度外，對光的進一步研究始於牛頓，牛頓利用三稜鏡將白光展開成彩虹般的光譜分布，十九世紀初，德國科

學家夫朗和斐（Joseph von Fraunhofer）發明精密的分光儀，藉此發現太陽光譜內有五百七十四條的暗譜線，後續研究發現其他星體也有類似的譜線，光譜便成為天文學家認識星體的另一項有力工具。由於量子物理的發展，我們可以正確地瞭解原子的本質與運作，光譜是光在不同波長上的強度分布，根據物理學，任何物體只要有溫度就會產生連續光譜，也就是說在各個波長上的強度連續分布，而光譜線是在特定波長上的線條，光譜線的產生和原子分子的能階躍遷有關，光譜線成為原子分子的指紋，天文學家研究遙不可及的星體已不成難事。

到了二十世紀中，天文學家將觀測的目光延伸到電磁波的其他波段。人類肉眼看到的光線只是電磁波的一小部分，可見光的波長從 380 奈米到 740 奈米，而電磁波依照波長分布，可以從波長數公里的無線電波到 0.001 奈米的伽瑪射線，天文學家發現宇宙除了有可見光，還充斥了各種不同波段的電磁波，於是針對各種不同波段的天文學應運而生，例如電波天文學、毫米波次毫米波天文學、紅外線天文學、紫外線天文學、X 射線天文學以及伽瑪射線天文學等，而對應不同波段的天文觀測工具也需要不同的技術，在〈古今天文觀測大躍進〉和〈電波天文觀測儀器〉兩篇文章中，作者就分別針對電荷耦合元件（或稱 CCD）以及電波天文觀測做了深入的介紹。此外，電腦對現代天文研究也有很大的幫助是不可獲缺的工具，不論是自動控制大型望遠鏡、遠距遙控望遠鏡、分析天文觀測資料，還是理論的數值計算以及數值模擬，都需要高速的電腦計算能力才能完成，本書在〈從 0 與 1 之間認識廣大宇宙〉會有廣泛的介紹。

一般人提到天文，總是想到星座、流星、彗星和黑洞，還有人會聯想到外星人。並不是說這些不屬於天文研究範圍，只是天文學的研究範圍非常地廣，在空間上，從太陽系到一百多億光年外的宇宙，在時間上，從一百多億

年前的宇宙大霹靂到現在，在這樣的宇宙範圍內，天文學家研究的題材不僅限於星座而已。現今天文學家研究的範圍還跨足到其他科學領域，例如研究太陽系內的太空科學、研究極限物理條件的高能天體和黑洞、研究星際塵埃的化學特性，從其他星球尋找類似地球暖化的現象以及找尋系外生命的可能性，這些議題可以在本書各篇文章得到詳細的解答。此外，本書還選了兩篇天文教育推廣相關的文章——〈零距離的天文教育——從遙控天文臺談起〉和〈探索宇宙的電眼——電波望遠鏡動手做〉，分別介紹國內在可見光望遠鏡和電波望遠鏡的教育推廣活動。

　　隨著各類科學的快速進展，天文學和其他科學的關聯也益發密切，天文學的研究範圍包山包海，除了傳統的天文觀測，應用其他領域的專業技術是不可避免。本書便是以天文學與其他領域的關聯與應用為主軸，以統整的方式介紹科學月刊在最近十年發表的天文專文，希望讓讀者能有更寬闊的眼光，欣賞我們的宇宙。

# CONTENTS
## 目　錄

# 古今天文觀測大躍進

◎─王祥宇

任職中央研究院，天文及天文物理研究所籌備處

影像技術的發展大幅提升了天文研究的極限。時至今日，越來越多的天文需求驅動著光電研究的進步，提供下一世代的望遠鏡更靈敏與更銳利的影像。

4300 公尺的夏威夷毛納基峰山頂，是北半球最佳的天文觀測站，這裡聚集了四座 8 公尺以上及三座 4 公尺級的可見光望遠鏡。每天晚上，望遠鏡操作員使用自動控制系統，把握每一秒晴朗黑夜，收集從宇宙傳來的訊息。在這其中，歷史悠久的加法夏望遠鏡（CFHT, Canada-France-Hawaii Telescope，圖一），搭配著世界上最大的可見光相機 MegaCam，正進行大規模的巡天觀測。

這些觀測依照事先排定的順序進行，觀測資料由自動影像處理程式初步校正，再由天文學家進行分析。這讓世界各地的天文學家不需到夏威夷，就可以得到需要的觀測影像來進行研究。相較於三十年前當加法夏望遠鏡剛落成時，天文學家得待在離地面 10 公尺高的望遠鏡主焦點上，在零度以下漫長黑夜裡，用肉眼協助望遠鏡追

圖一：美國夏威夷毛納基峰山頂，上方的天文臺就是可見光望遠鏡，可進行大規模的巡天觀測。

蹤星體，以感光片進行天文觀測，如此巨大的改變，歸功於光電科技的導入，尤其是偵測器技術。短短三十年間，光電技術的進步改變了天文觀測的模式，大幅提升天文觀測的極限。

## 早期的天文觀測

　　如何記錄天文觀測影像，是早期天文學發展的一大課題。天文學家往往需要仔細地以文字敘述，或是有良好的素描能力，才能記錄及表達觀測結果（圖二）。這使得不同觀測者間的比較或整合需要相當的工夫。當十九世紀照相技術成熟後，就立刻被應用在天文

觀測上,以解決此問題。

　　使用感光片的另一重要優點,是可長時間曝光,藉由訊號的累積,微弱訊號可被記錄下來,大幅提升到肉眼無法達到的極限。且大面積底片製作容易,使廣角觀測能在短時間內完成,包括完整的全天星圖。然而底片的解析度有限,而且為取得良好

圖二:伽利略所描繪的月球表面手稿與真實的月球照片。

影像,長時間曝光時,天文學家須以肉眼協助望遠鏡的追蹤。底片本身也受限於較低的感光效率,以及較差的線性度,這使得準確的光度測量困難重重。如要定量地比較不同觀測結果,往往需要很多額外的工夫。這個問題直到愛因斯坦發現光電效應後才得以解決。

　　光電倍增管(photomultipler tube)是第一個可以定量測量光度的元件。以能將可見光轉換成光電子(即光電效應)的材料當作陰極,加上高電壓的多重陽極,可將微弱光線放大,產生穩定訊號。使用不同陰極材料,光電倍增管就可偵測不同波長的電磁波。只要提供穩定的高壓,光電倍增管就可以穩定測量光度。但這種方式一次只能產生一個訊號,無法產生二維影像,而且提供的光度範圍有

限，觀測效率不佳。雖然二維影像可利用相似的原理，搭配如電視陰極射線管的掃描系統產生，但這種光導攝像管（vidicon）裝置體積龐大、穩定度差，於天文上應用有限，因此儘管有新技術出現，感光片仍被廣泛使用。

## 電荷耦合元件的發展

真正能提供準確測光與二維影像的方法，在固態電子發明後才獲得解決。半導體的應用，從 1947 年第一個電晶體發明之後迅速發展。1959 年金屬氧化物半導體（metal-oxide-semiconductor, MOS，圖三）結構的發明，更是完全改變了傳統的電路系統，奠定積體電路的基礎。利用這個結構，貝爾實驗室的 William Boyle 與 George Smith，在 1970 年首次發表電荷耦合元件（charge coupled device, CCD）的概念，並於同一年成功製作出第一個 CCD 晶片。

雖然第一個晶片只有八

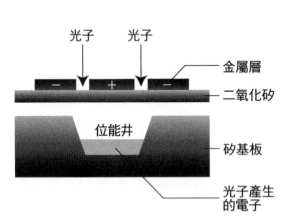

圖三：在金屬層上加入正電壓，可以在矽基板中形成位能井，以收集光子產生的電子。

個像素，但 CCD 晶片已帶來革命性影響。MOS 結構中氧化物層有絕緣效果，在金屬層上施加電壓，就可在矽晶片中產生電場。這個電場如同一個無形的袋子，吸引並收集光子所產生的自由電子。晶片上布滿互相分隔的金屬，只要同時賦予不同的電壓，就可以在不同的位置收集到對應的光電子而產生影像。這些分隔金屬構成的 MOS 結構就是我們所熟知的像素，每個像素至少包含兩個 MOS 結構。若輸入特定變化的電壓，就可以用來移動每個像素收集的電荷，讀取影像。

　　CCD 晶片具有定量測光能力，可涵蓋特定面積影像，加上矽晶片對不同波長電磁波偵測的涵蓋範圍相當大，並有體積小、低操作電壓與穩定的特性。對訊號偵測及影像記錄而言，是跨時代的發明。1974 年用 CCD 取得第一幅天文影像之前，天文學家已使用照相底片超過一百年。CCD 問世後，天文學家了解到 CCD 對天文觀測的重要性，不再是被動接收新技術，轉而主動參與或支持專為天文設計的 CCD 晶片。在美國航太總署及其他天文臺的支持下，短短五年內，512×512 格式的晶片就成功地被發展出來， CCD 技術也在英、法蓬勃發展。因此當 CCD 尚未普及於一般應用時，已在天文界廣泛使用。而天文界對 CCD 發展的貢獻，也促進了現代數位相機的發展。

## 量子效率是關鍵

天文觀測時，最重要的就是量子效率，也就是將光子轉換成電子的效率。在 CCD 發展過程中，天文界也在量子效率改進上扮演了重要推手。矽半導體可吸收波長小於 1100nm 的光線而產生電子。雖然在這裡只討論可見光附近的電磁波範圍，但其實 CCD 也廣泛使用於高能量的紫外光及 X 光偵測。矽吸收效率隨波長增加而減少。例如綠色光（波長約 500nm）需大約 1 微米厚度的矽晶片才能完全吸收，但是波長 800nm 的紅外線，就需要 50 微米的厚度。因此對於不同波長的光線，在矽晶片中轉換成電子的位置不同，要同時收集這些電子相當困難。早期 CCD 晶片採取正面入射型結構，部分光線會被晶片上的配線阻擋，其量子效率最高 40%左右，對波長較低的藍光或紫外光，受到氧化層吸收的影響，量子效率很低。而較不易被吸收的紅光或紅外光，其量子效率也較差（圖四）。

為解決這問題，早期就提出背面入射型 CCD 晶片。然而波長較短的光線在晶片的穿透度很淺，在表面幾個微米內就被吸收，需要較大電場才能將電子收集至 MOS 結構。但一般矽基板雜質多、電阻小，無法在基板背面形成有效電場收集電子。背面入射型 CCD 晶片須搭配薄的基板，才能有效收集大部分電子。此結構對於紅色以及

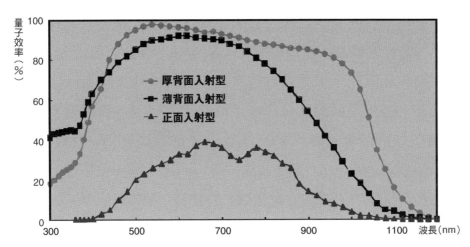

圖四：在金屬層上加入正電壓，可以在矽基板中形成位能井，以收集光子產生的電子。

紅外線的量子效率較差，未被吸收的光線會在晶片中多重反射，在長波長觀測中產生干涉圖案，增加影像處理的困難，降低了在長波長區域觀測的效率。2000 年後，隨著材料純化技術的提升，高阻值矽晶片技術發展成熟。日本國立天文臺支持下，濱松電子成功發展出厚背面入射型 CCD 晶片（或稱完全空乏型 CCD 晶片）。高阻值矽晶片可使外加電壓有效地分布在整個晶片，使得即便是在距離收集 MOS 結構數百微米內產生的電子，仍可從晶片背面移動至正面，形成有效訊號。加上特定的表面處理與鍍膜，高阻值背面入射型的 CCD 晶片，可在整個可見光區域提供高達 80% 以上的高量子效率。

　　除改善量子效率外，CCD 晶片的有效像素數也在製作技術的進

步下大幅增加。像素增加代表必須在更大的晶片面積上完成高良率的產品,價格會較高。目前標準大小約 2048 × 4096,也就是 3 × 6 公分。要突破此限制,須採取可搭接式封裝,也就是將晶片接線移至封裝底部,晶片暴露的區域完全用於感光。利用這種封裝,大型天文相機可以搭接數十片 CCD 晶片以提供廣角影像。之前提到的 MegaCam 就具有四十片 CCD 晶片,是目前最大的天文相機。臺灣與日本正合作開發的速霸陸廣角相機,將搭接一百二十片 CCD 晶片,是下一代天文儀器中,最大的可見光相機。

## 結　語

　　時至今日,CCD 晶片已經廣泛用在天文臺上,甚至業餘的天文學家也可以輕易地買到專業 CCD 相機,像素大於 2048×2048,量子效率最高達 85%,讀出的雜訊少於五個電子,且幾乎沒有暗電流,已近乎完美。但 CCD 晶片仍有其結構上的問題。CCD 晶片的影像須利用規則的電壓變化依序讀出,因此,當晶片中有少數像素在製作的過程中出現瑕疵,或是特定像素有很亮的訊號時,就會影響其他像素資料的判讀,出現一條黑線或是白線的狀況,這限制了快速讀取特定區域的能力。此外由於其製造與一般的積體電路不同,因此需要特定的工廠才能製造,加上要求良率高,造成其造價過高。

因此，天文學家開始將目光轉移到較新的 CMOS sensor。在一般應用上，CMOS sensor 挾著其價格優勢席捲大部分商用影像市場。利用背面入射與堆疊結構的 CMOS sensor，可提供與 CCD 相當的量子效率，再搭配改善電路的設計，讀出雜訊可降至十個電子以下。加上 CMOS sensor 可提供 CCD 無法達成的小區域讀取功能，且價格低廉，對於規模越來越大的天文儀器市場，具有相當的吸引力。越來越多天文研究單位著手進行相關研究，與晶片設計公司合作，希望開發出與 CCD 特性相近的天文 CMOS sensor。中研院天文所也與史密松天文臺接觸，開發天文 CMOS sensor。相信不久的將來，CMOS sensor 將普及於天文應用上，不單可提供廉價而高品質的偵測器，降低廣角相機的造價，更可提供高速的影像進行調製光學或高速天文觀測的研究，在天文研究上扮演重要的角色。

（2009 年 3 月號）

參考資料

1. J. Bogaerts et al., Radiometric performance enhancement of hybrid and monolithic back-side illuminated CMOS APS for space-borne imaging,2007 International Image Sensor Workshop, Ogunquit Maine, USA, 2007.
2. W. S. Boyle and G. E. Smith, Charge-coupled devices a new approach to MIS device structures, IEEE spectrum, vol. 8, No.7, 18-27, 1971.
3. J. R. Janesick, Scientific charge-coupled devices, SPIE Press, Bellingham, 2001.
4. Y. Kamata et al., Development of thick back-illuminated CCD to improve quantum efficiency in optical longer wavelength using high-resistivity n-type silicon, SPIE, vol. 5499, 210-218, 2004.
5. I. Mclean, Electronic Imaging in Astronomy : Detectors and Instrumentation, Wiley, 1997.

# 電波天文觀測儀器

◎―黃裕津

任職中央研究院，天文及天文物理研究所籌備處

電波天文學的誕生，促使天文觀測研究一躍千里，如今，接收機元件的發展，更成為不可忽視的關鍵，也讓臺灣的天文物理學研究躋身國際。

1873 年，英國數學家馬克斯威（James C. Maxwell）發表了《電學與磁學》一書，為電磁學研究拉開序幕。電波天文學是電磁學研究應用的重要分支，在二十世紀後半葉至今，許多天文與物理學的重要發現，都是來自電波天文觀測，許多尚待研究的天文學重要課題，預期也都仰賴下一代更具威力的電波天文觀測儀器。

## 電波天文學之始

1930 年代初，任職於美國貝爾實驗室的工程師央斯基（Karl G. Jansky），利用一具 14.6 公尺波長的高指向性天線，研究頻率為 20.5MHz 的大氣電波雜訊，發現雜訊最大值出現週期為二十三小時五十六分鐘，也就是較前一日提早四分鐘，恰巧為恆星日與太陽日

的時間差。他進一步檢查最大值出現時的天線指向，均為人馬座中心方向，也就是已知的本銀河系中心。央斯基將此觀測結果於 1933 年發表。開啟了電波天文學，至今僅七十六年。

　　不久之後，業餘天文學家雷柏（Grote Reber），以金屬拋物反射面建造自己的無線電望遠鏡，以 1.9 公尺波長對整個天空進行勘察，並於 1944 年完成第一個無線電全天星圖。不論是央斯基或是雷柏，這些早期的無線電天文觀測，看到的都是星際空間中的電子，經由銀河系磁場加速到相對論性高速度，所產生的同步加速輻射連續波譜（synchrotron radiation continuum spectrum）。同一年，荷蘭物理學碩士賀斯特（Hank van der Hulst），預測並計算出中性氫原子的電子，在上下兩自旋態間振盪會產生 21 公分的波長發射譜線，並在 1951 年經由觀測證實。

## 早期的天文科技

　　二次世界大戰歐洲戰局爆發前，英國科學家發現，以微波接收機和發射機配合高指向性天線，可用於偵測遠方飛行的航空器或航行的船艦，是為雷達的前身。戰爭對武器性能的需求，帶動了相關科技發展，雷達也是如此。1945 年夏，雷達已普遍裝備在同盟國海軍的大中型軍艦上。日本投降後，這些雷達零件及備用模組，隨著

大批武器裝備與人員退出戰鬥行列，而靈感無窮的科學家找到了其他和平研究用途，並從退役的官兵找到專業人才組成研究團隊，雷達天文學和電波天文學正是其中最重要的研究。

1945 年 10 月，澳洲聯邦理工研究院開始用雷達觀測太陽表面。1946 年 1 月，美國陸軍首先使用雷達量測地球、月球的距離。英國劍橋大學、曼徹斯特大學也分別以軍方除役的雷達展開天文研究。1947～1948 年，澳洲聯邦理工研究院波頓（John Bolton）、史坦利（Gordon Stanley） 及施里（Bruce Slee）觀測到幾個神祕的電波源：天鵝座 A、金牛座 A、巨蟹座 A、及室女座 A，並透過方位發現這些電波源與星雲及銀河外星系的關聯。1950 年，劍橋大學賴爾（Martin Ryle）已完成五十個天文電波源的目錄。之後一次針對仙女座星系（M31）的觀測證實，即使是遠在二百二十萬光年外的星系，也有與本銀河系相同等級的電波輻射，許多天文電波源，被證實是來自本銀河系外的遙遠天體。

賴爾也提出以相位切換方式的干涉儀，降低接收機背景雜訊。1962 年，藉由五次月掩星系事件，並以電波望遠鏡配合光學天文觀測，針對類星體（quasars）與對應的遙遠星系仔細研究，透過紅位移計算，發現其遠在數億光年之外。1960 年溫瑞布（Sandy Weinreb）進行數位相關器實驗，並用於電波天文頻譜觀測，里德（R. B.

Read）則進一步應用相同原理，處理兩座電波望遠鏡的信號，形成相關器式干涉儀。1963年溫瑞布觀測到星際空間的OH譜線。1965年彭齊亞斯（Arno A. Penzias）與威爾遜 （Robert W. Wilson）觀測到宇宙背景輻射（cosmic microwave background radiation, CMBR），並於1978 年獲得諾貝爾物理獎。1967 年加拿大完成首次超長基線干涉儀實驗，也在同一年，觀測到中子星電波脈衝（pulsar）。

1970 年，彭濟亞斯與威爾遜率領的團隊，首次觀測到超過 100 GHz 的天文分子譜線。1976 年，美國設於新墨西哥州的特大天線陣列（Very Large Array, VLA）正式啟用，是人類第一個微波頻段干涉儀式望遠鏡陣列。1980 年代，北美洲的特長基線干涉儀 （Very Long Baseline Interferometer, VLBI）率先啟用，隨後日本、歐洲、澳洲也紛紛跟進。日本野邊山毫米波陣列（Nobeyama Millimeter Array, NMA）、英國主導的詹姆士・克拉克・馬克斯威望遠鏡（James-Clerk-Maxwell Telescope），及美國加州理工學院次毫米波天文臺（Caltech Submillimeter Observatory），也在 1980 年代末啟用。

**電磁頻譜**

整個電磁頻譜除了中紅外光以上之外，多為使用光學方式觀測，在近紅外線的低頻邊緣即落入次毫米波，隨著波長的增長依序

可大致分類為毫米波、微波、超高頻與特高頻等波段（圖一）。在最低頻的電波如仟赫（KHz）等級，因為電離層的全反射特性，基本上是無法用於觀測的。目前由於人為的廣播、電視、行動通訊、衛星通訊、電腦無線網路、雷達、飛行器導航等應用，已占用不少頻段，臺址選擇以遠離人口稠密區域而特別劃定的電波靜默區或沙漠為主；毫米波頻率則以中海拔、氣候穩定的高原山區為主；次毫米波部分，僅有極少數氣候乾燥、穩定、高海拔的高原山區可適用；至於地表大氣的水汽與氧氣吸收譜帶，則只能以人造衛星、飛

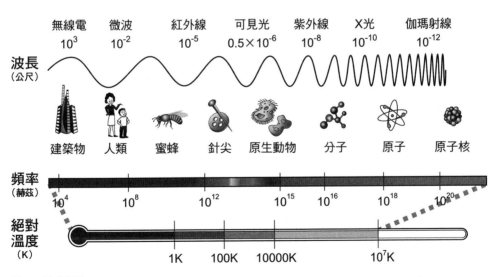

圖一：電磁頻譜。

行於同溫層的飛機，或氣球搭載次毫米波望遠鏡進行觀測。

## 接收機元件與技術

　　電波天文望遠鏡的接收機，依功能可分為差頻式（heterodyne）與輻射熱定式（bolometric）。差頻式是將接收到的電波天文訊號，與系統內建本地振盪器（local oscillator）的信號進行混頻動作，混頻後頻率值相減得到差頻信號，又稱為中頻信號。在本地振盪器的相位與振幅極穩定的情形下，電波天文訊號的相位與振幅資訊，基本上可以完美地保存並轉移至中頻信號。較低頻率的中頻可以進行信號放大、數位化、傅立葉轉換與各種信號處理。

　　輻射熱定式接收機則將訊號視為熱量，量測其功率。因此同是偵測極微弱的電波天文訊號，差頻式接收機追求量測頻率的靈敏度，輻射熱定式接收機則致力於追求功率的靈敏度。差頻式接收機的優勢在量測星體的發射譜線，而輻射熱定式接收機的優勢在量測極微弱的連續頻譜。

　　差頻式接收機的關鍵元件為混頻器、放大器與本地振盪器；輻射熱定式接收機的關鍵元件則為熱量計。其中，微波與毫米波頻率的差頻式接收機系統雜訊，主要來自關鍵元件的熱雜訊。降低熱雜訊最有效的方式，即降低元件的操作溫度。提高靈敏度的另一手

段，則為對信號作積分，由於熱雜訊基本上為隨機亂數，長時間積分將使熱雜訊趨近於極小值（趨近於零）。

天文學家追求具有接近量子極限的低雜訊高靈敏度接收機，依操作頻率的差異，而有不同的設計（圖二）。如果操作頻率低於115GHz，通常以磷化銦（InP）製作的毫米波微波放大器為前級，佐以二極體混頻器降頻，操作溫度在絕對溫度 10～20 度；若操作頻率介於 84～1300GHz 之間，則採用鈮（Niobium, Nb）、氮化鈮

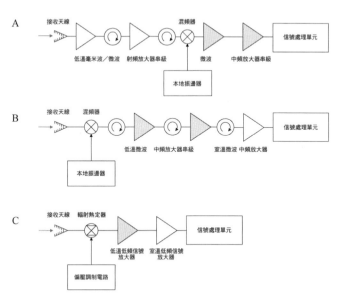

圖二：(A)差頻式接收機，頻率低於116GHz，配備射頻前級放大器；(B)差頻式接收機，頻率高於116GHz，以高靈敏度混頻器為前級；(C)輻射熱定式接收機。

（NbN）、或氮化鈦鈮（NbTiN）等低溫超導體材料，製成微米尺寸的超導－絕緣－超導結（superconductor-insulator-superconductor junction）量子混頻器直接進行降頻，再以磷化銦放大器放大中頻信號，操作溫度在絕對溫度2.5～4.5度；操作頻率為1000GHz以上的高頻次毫米波時，通常以更先進的、具有超導體次微米線寬的熱電子輻射熱定計，作為混頻器元件，操作溫度通常亦在絕對溫度2.5～4.5度。

現代電波天文學普遍使用的輻射熱定計（圖三），多半利用超導體內某些物理特性（通常為電阻或電感值），對所吸收的微量電磁輻射產生的巨大變化來進行量測，其靈敏度亦與元件的操作溫度有關，而為了達到令天文學家滿意的低雜訊要求，其操作溫度通常低於絕對溫度1度以下。

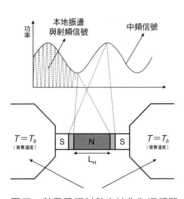

圖三：熱電子輻射熱定計作為混頻器時之「熱點」（hot-spot）理論模型，由本振信號與射頻信號合成之駐波對奈米級厚度、次微米級尺寸超導線段（S）加熱造成局部線段升溫而成一般金屬狀態（N），線段長短隨駐波之極大極小而有週期變化，整個元件之電阻值亦呈週期變化，混頻動作由此產生。

## 陣列──電波望遠鏡成像

就如同光學望遠鏡的成像攝影，電波天文望遠鏡在觀測時除了頻譜與功率等資訊之外，也經常需要量測出電波在星空中的精確二維空間分布圖。除了仰賴電波天文望遠鏡對星空的機械掃瞄之

外，還有各種不同的技術可以提高成像速度。一個構想是焦平面接收機陣列（focal plan array），這是在大型電波天文望遠鏡的聚焦面上安裝緊密排列，形成二維矩陣的多個接收機，如此可以將原本單一大波束分割，形成類似昆蟲複眼所看到的低解析度影像。輻射熱定式接收機由熱偵測器與極低頻的讀取電路組成，由於熱偵測器的尺寸微小，且低頻電路的布線較為容易，普遍作成焦平面接收機陣列，差頻式接收機組成的焦平面陣列較為少見。

　　配備熱量計式接收機的電波天文望遠鏡只能各自獨立操作，因此其觀測能力基本上受到望遠鏡口徑與接收機靈敏度所限制，而配備差頻式接收機的電波天文望遠鏡，由於同時記錄了電波天文訊號的相位與振幅資訊，當兩部以上電波望遠鏡使用共同操作頻率，各望遠鏡的本地振盪器鎖定於共同相位，且觀測共同目標時，透過對相位與振幅資訊的相關運算，可以達成電波天文望遠鏡的孔徑合成（aperture synthesis），形成干涉儀陣列（interferometric array）。干涉儀式望遠鏡陣列不但在等效口徑方面，突破機械與結構力學對單一望遠鏡口徑的限制，達到更高的空間角解析度，更可以隨需要更改陣列中各望遠鏡擺放的位置，或是添加新的望遠鏡以擴大陣列規模。以特長基線干涉儀為例，其等效口徑可達數千乃至上萬公里，接近地球直徑，解析度可達到次角秒的程度。

## 東亞與臺灣現況

　　東亞的電波天文儀器研製以日本最早，在 1980 年代建成野邊山毫米波陣列（圖四），與北美及歐洲的電波天文儀器研製同步發展。1999 年，日本天體測量特長基線干涉儀陣列（VLBI Exploration for Radio Astrometry, VERA）開始建造。不只日本國立天文臺，知名大學如東京大學、名古屋大學、大阪府立大學等，亦有電波天文儀器研製計畫。中國與南韓則在 1990 年代引進美國麻州大學的五校聯合 13.7 公尺口徑毫米波望遠鏡設計，其中，中國南京紫金山天文臺的毫米波望遠鏡，設於青海省柴達木盆地，北京天文臺也於 1982 年，建造低頻（波長約 1 公尺）二十八座 9 公尺口徑望遠鏡的密雲電波天文干涉儀陣列。中國特長基線干涉儀望遠鏡則有上海、北京、雲南昆明與新疆烏魯木齊四座。韓國天文與太空科學研究院，目前正全力建造具有三具 25 公尺口徑望遠鏡，操作頻率達 165GHz 的韓國特長基線干涉儀網路（Korea VLBI Network, KVN），將與日本天體測量特長基線干涉儀陣列聯合運轉。

　　臺灣的電波天文儀器研製，始於中央研究院天文與天文物理研究所的設所籌備計畫。1992 年 3 月召開的第二屆臺北天文物理研討會中，提出臺灣天文十年發展計畫書，以加入國際前瞻電波天文干

圖四：東亞之重要電波天文儀器設施。(A)青海省德令哈 13.7 公尺口徑毫米波望遠鏡；(B)首爾延世大學校區 25 公尺口徑毫米波望遠鏡，屬韓國超長基線干涉儀網路；(C)日本野邊山天文臺毫米波望遠鏡陣列。

涉儀式望遠鏡陣列為重點項目。1993 年 10 月，中研院天文所籌備處成立，除加入當時已運轉中的柏克萊－伊利諾－馬里蘭毫米波陣列爭取天文學家的實際觀測經驗，亦與美國史密松天文臺討論，合作興建全球第一座次毫米波陣列（The Submillimeter Array）。1995 年底，中研院天文所接收機實驗室成立，1996 年中研院與美國史密松協會簽署次毫米波陣列合作備忘錄，在原有的六座毫米波望遠鏡外，由臺灣製作第七及第八座毫米波望遠鏡，及相對應須擴建的基座和信號處理單元；2000 年開始與臺灣大學及澳洲聯邦理工研究院合作，進行宇宙微波背景幅射陣列望遠鏡（Array for Microwave Background Anisotropy）研製。分別於 2003 年與 2006 年落成。目前全球電波天文學界共同合作的 Atacama 大型毫米波與次毫米波陣列（Atacama Large Millimeter Array, ALMA），臺灣天文學界亦在中研院天文所主導下，同時透過與日本及美國合作的方式積極參與。ALMA 於 2012 年完成後，將成為全球最大的電波天文儀器，擁有北美與歐洲主導、五十座 12 公尺口徑望遠鏡構成的基線陣列，及日本主導、由十二座 7 公尺及四座 12 公尺口徑望遠鏡構成的密集陣列。所有 ALMA 望遠鏡，將配備十個波段的毫米波及次毫米波差頻式接收機，觀測頻率為從 31.3～950GHz 的所有可用大氣窗口。

**未來技術發展趨勢**

　　在可見的未來，電波天文儀器技術的發展有五大趨勢：

　　（一）國際化合作共同建造極大型干涉儀式望遠鏡陣列將成為主流。繼十五國合作，預定 2012 年落成運轉的 ALMA 計畫之後，預定 2020 年落成運轉的平方公里陣列（Square Kelometer Array, SKA）亦為二十國聯合建造，此陣列將提供超高頻至低頻毫米波（0.3～34GHz）達一平方公里的集波面積（collecting area）。

　　（二）高頻差頻式接收機方面，預計可偵測 1.0～10.0THz 的接收機元件，將在未來十年逐步邁向技術成熟，相關太空望遠鏡乃至於太空干涉儀陣列概念構想已被提出討論。

　　（三）低頻差頻式接收機方面，數位通訊與軟體廣播的通訊編碼技術，將可實現人為電波雜訊自低頻電波天文觀測資料完全移除，進而解除臺址地點選擇的限制。

　　（四）干涉儀式望遠鏡陣列之後端信號處理方面，隨著積體電路製程技術飛快發展，微波等級的高速數位信號處理技術與電子計算能力亦隨的成熟，將實現更大型干涉儀式望遠鏡陣列的觀測資料迅速成像。

　　（五）在熱量計式接收機方面，隨著超導體製程之成熟，包含

數千乃至數萬畫素的極大型焦平面接收機陣列將被實現，搭配極大口徑高精密度次毫米波望遠鏡進行觀測。

　　基於上列的技術發展趨勢，所開發的新一代電波天文儀器，將繼續提供天文學家探索重要研究主題所需的觀測利器，相關的技術研究，也將帶動尖端電信通訊技術發展，推動人類生活福祉與科技進步。

（2009 年 4 月號）

**參考資料**

1. 鄭興武、李太楓，〈綜合電波望遠鏡〉，《科儀新知》14 卷第 3 期 4-12 頁，1992 年。
2. P. G. Mezger, 50 years of radio Astronomy, IEEE Trans. Microwave Theory Tech., vol. MTT-32, 1224-1229, 1984.
3. 陳明堂，〈李遠哲微波背景輻射陣列〉，《科儀新知》第 167 期 12-20 頁，2008 年。
4. 陳明堂，〈次毫米波陣列──二十一世紀電波天文的觀測利器〉，《科儀新知》第 116 期 5-14 頁，2000 年。
5. 呂聖元，〈ALMA Atacama 大型毫米波與次毫米波陣列計畫〉，《臺北星空》第 42 期 18-23 頁，2008 年。
6. Bernard F. Burke and Francis Graham-Smith, An Introduction to Radio Astronomy, Cambridge University Press, ISBN 0-521-55604-X, 1997.

# 從 0 與 1 之間認識廣大宇宙

◎—曾耀寰

任職中央研究院，天文及天文物理研究所籌備處

電腦科技對於天文學研究，扮演舉足輕重的角色，不論是觀測、模擬、星體演化研究，都需要大量的科技支援，由此我們才能對宇宙有更深遠的認識。

一般人對天文學家工作的印象，不外乎在高山上的天文臺裡頭，外頭寒風刺骨，方圓百里不見人煙，孤獨的天文學家專注精神、目不轉睛地對著一管長長的望遠鏡，耐著性子記錄天體運行的狀況。這是十七、十八世紀天文學家的工作紀實，當時沒有照相機，沒有電暖設備，天文學家只能將眼睛所看到的天體，盡可能詳實地描繪下來。

## 前「電腦」時代

1609 年，伽利略拿自製的望遠鏡，把月球表面描繪出來：高山、平原和谷壑在伽利略的筆下清楚顯現。伽利略還連續好幾天記錄太陽表面的黑斑（太陽黑子），進而了解這些黑斑並非正好行經

太陽的內行星，而是長在太陽的表面。此外，由於太陽黑子會隨著太陽表面移動，所以伽利略能據此推測太陽的自轉運動。

　　1845 年，羅斯爵士用自製的望遠鏡首次看到螺旋星雲 M51（現稱做螺旋星系，圖一），並手繪下來。羅斯爵士的發現，可能就是畫家梵谷名作〈星夜〉（starry night）的靈感。

　　在同一時期，法國藝術家達蓋爾（Louis-Jacques-Mandé Daguerre），接續了另一位法國藝術家尼普斯（Joseph Nicephore Niepce）的攝影技術，發展出達蓋爾攝影術，可以在敷有銀的銅版上記錄光的訊號，就像現在的傳統照相機，透過物質與光之間的化學反應，將影像記錄在照相底片一樣。

　　1840 年英國化學家德雷柏（John William Draper）首先將攝影術應用到天空，經過長達二十分鐘的曝光，成功拍攝到月亮的模糊照

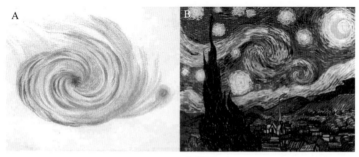

圖一：(A)羅斯爵士自行繪製 M51 星雲的手稿；(B)則是荷蘭畫家梵谷的〈星夜〉，中間的螺旋狀雲氣很像 M51 星雲。

片，這也是人類首張成功拍攝到的天文照片（圖二）。雖然一開始照相的效果並不理想，經過長期改良，逐漸成為天文學家記錄天體訊號的主要工具。

## 進入數位時代

1969 年兩名美國貝爾實驗室研究人員設計出電荷耦合元件（簡稱 CCD）的基本架構及操作原理（參見本書第一篇文章），CCD 是一種將光轉換成電的電子儀器，基本原理是和光電效應有關，當光子打到半導體晶片上，會有一些電子得到光子的能量而逃離出來，逃脫的電子數量是和光的強度有關，只要把逃脫的電子數量記下來，便可以得到光的強度。因此我們可以說 CCD 是一種記錄光的偵

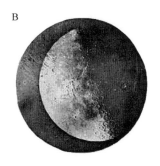

圖二：(A)德雷柏在 1840 年首次用達蓋爾攝影術拍攝到的月球照片；(B)後來他又在 1845 年拍攝到較為清楚的月球照片。

測器。不過，有個和照相底片不同之處，就是我們可以透過 CCD 得到電訊號，如此一來，照相攝影便進入數位化時代。

1973 年第一臺商業用 CCD 問世，解析度只有 100×100 畫素。1974 年，透過 20 公分口徑望遠鏡，天文學家得到首張月亮的數位照片，1979 年美國基特峰天文臺，引進 320×512 畫素的CCD照相機，天文觀測正式進入數位時代。

天文學進入數位時代是不可避免的，二十一世紀的天文觀測不再只是想像中的以管窺天，地面上單一可見光望遠鏡的口徑已達 10 公尺，天文學家沒辦法單靠人力操控望遠鏡，也不再將眼睛貼在望遠鏡的目鏡前頭，直接觀察天象。

事實上，現今的天文觀測者，是坐在配有空調系統的控制室內，控制室裡頭放了一排排的電腦，天文學家坐在電腦前面，將星星在天球上的位置鍵入，藉由自動馬達的帶動，遙控巨大的望遠鏡，當望遠鏡對準目標後，再接著在電腦螢幕前下達指令，透過 CCD 將通過望遠鏡的星光記錄下來。有時天文學家甚至不需要坐在天文臺的控制室內，只要透過網際網路的連接，就可以在遠端電腦前下指令，進行天文觀測。藉由電腦的自動控制，不僅是天文觀測，在其他科學領域也都有類似的應用。

## 數位資料的校正

CCD 記錄資料之後，天文學家還要分析資料，在分析之前，資料的校正是非常關鍵的。為了要得到「乾淨」的資料，一些會擾亂資料純淨度的雜訊都需要被去除，例如天空中背景光的干擾、接收設備本身溫度所帶來的雜訊，這些動作都經由天文學家將處理步驟寫成電腦程式，讓電腦遵照程式將資料「純化」。之後再從資料當中，分析出有用的訊息，解釋望遠鏡所看到的現象。

望遠鏡所看到的（或者說「記錄到」的），是宇宙天體過往所發生的事，我們現在看到的太陽，是八分半鐘前的太陽，因為太陽光需要經過八分半鐘的時間，才能從太陽來到地球。如果我們現在看到離我們一百光年的超新星爆炸，表示超新星爆炸真正發生的時間是在一百年前。從這個角度來看，天文觀測類似考古學，所看到的天體現象，都是以前所發生的事，看得越遠，事件發生的時間越古老。

不過人類的壽命是有限的，在天文上，大部分發生的事件，都是以萬年計，在整個宇宙的歷史中，人類的文明發展只是一瞬間的事，單靠望遠鏡的觀察是不夠的。這種困境就像外星人來到地球進行人類的生物研究，除非他待在地球的時間長達數十年，否則難以

窺探人類的全貌。假若要在一天內了解人類的一生，外星人可以透過統計的方式進行研究。首先他得對很多的地球人取樣，所挑選的地球人有兒童、青少年、成年人、中年人，也有老年人，只要取樣不要有偏差，從這些挑選的地球人中，分析比對，便可以了解人類一生的過程。

天文學家採取類似的統計方法探究天體，但除此之外，還可以用電腦進行模擬，模擬就是仿真，透過電腦對研究的天體進行沙盤推演。電腦雖然看似萬能，但要電腦模擬出有意義的結果，基本的科學原理是必須的，否則便只是將一堆垃圾輸入電腦，再一股腦地將垃圾輸出（garbage in, garbage out）。讓我們看看天文學家用電腦能進行哪些模擬。

## 數位模擬現實況

數位模擬得從長時間曝光談起。業餘觀星人經常帶著個人的望遠鏡跑到深山，或人煙稀少的區域進行觀星，觀星不僅是將望遠鏡、照相設備架好，有時為了得到較好的星象照片，長時間的照相曝光是不可或缺的。但長時間曝光的技術並不容易，因為星星會隨著地球自轉而改變位置，長時間曝光會讓影像糊掉，所以曝光時，望遠鏡必須隨「星」轉動。但是，星星都是繞著北極星轉，而北極

星的位置會因觀測地點而異，所以觀星人必須先了解觀測地點的位置。

要知道觀測地點的星空，需要的是一張描繪有每顆星的地圖，不僅顯示星的位置，還要顯示不同時間下的位置變化。中國古時候是用渾象來標示星空，現在可以用星座盤，但不論哪種，準確度都不夠，只能用來找一些亮星，或者星座，若要更精確的星星位置，便需要應用到電腦的模擬星圖軟體。

模擬星圖軟體可以展現不同位置、不同時間所看到的星空，只要將觀測位置和時間輸入電腦，模擬星圖軟體便可以顯現當下的星空，根據軟體所附的資料庫，還可以顯現出肉眼看不到的暗星。另外模擬星圖軟體還可以顯示不同時間的星空，以免費模擬星圖軟體stellarium為例，筆者利用stellarium模擬今年（編者註：2009年）7月22日早上9點42分的日食，觀測地點分別選擇中央大學鹿林天文臺和上海市（圖三），就可以發現在鹿林天文臺看到的是日偏食，而上海則是日全食。

除了預測日食，透過模擬軟體，還可以當個藝術品偵探。2003年美國西南德州大學多納（Donald Olson）教授斷定，梵谷名畫〈月昇〉（moonrise，圖四）的作畫時間是在1889年7月13日晚上9點8分。最早研究梵谷畫作的人為這幅畫命名為〈日落〉，因為畫中有

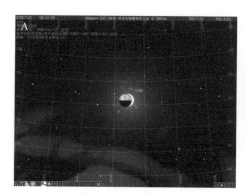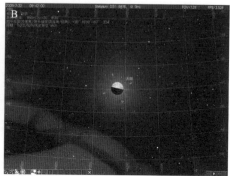

圖三：利用星圖軟體預測 2009 年 7 月 22 日早上 9 點 42 分的日食畫面。(A)在中央大學鹿林天文臺可看到
　　的是日偏食；(B)同一時間在上海看到的是日全食。

圖四：梵谷名畫〈月昇〉。

一個大大的紅太陽，後來才發現其實是月亮升起。

在此之前的 1970 年，當時所考證的結果，認為梵谷作畫的時間是在 1889 年 7 月 6 日，但多納教授在三十多年後，根據作畫的地點（法國的聖海米）、整幅畫的方位以及月亮的位置，配合了星圖模擬軟體，發現這幅畫的日期應該是在 1889 年 5 月 16 日或 7 月 13 日，由於畫作前景是金黃色的麥子，最後才認定作畫時間是在 7 月。同樣的方式，多納教授認定梵谷另一幅畫作〈夜晚的白宮〉（White House at Night）是 1890 年 6 月 16 日晚上 7 點，這次他憑藉的是畫作右上角金星的位置。

除了這些有趣的應用，天文學家還可以計算預測月掩星，也就是月亮遮掩到背景星的現象，掩星現象看似平常，但天文學家藉由月掩星可以量出星星的大小。通常地面上的望遠鏡受到大氣擾動的影響（這也是星星看起來一閃一閃的原因），測量的角解析度在 1 秒弧以上，但藉由月掩星技術，角解析度可達 0.001 秒弧以上，如果把太陽放在最近恆星（半人馬座α星）的位置，太陽盤面張開的角度約 0.007 秒弧，也就是說利用月掩星技術可以測量位在四光年遠的太陽角直徑。由於可做精確的測量，因此對月掩星發生的時間和位置必須事先得知，模擬軟體在其中發揮關鍵作用。

## 天文動力問題

除此之外，電腦還可以處理天文上的動力問題，所謂動力問題，就是天體受到彼此間相互作用力所造成的運動變化。大自然有四種基本作用力：弱作用力、強作用力、電磁力和萬有引力，其中以萬有引力的強度最弱，不過強作用力和弱作用力必須在非常短的距離內才有效，而電磁力雖然很強，但包含有吸引力和排斥力，當一個帶正電的粒子放在一團帶電粒子中，會吸引帶負電的粒子，使之在四周形成負電的遮罩雲，從較遠的位置來看，整體就變成電中性，也就看不到電磁力。反之萬有引力只有吸引力，只要有質量便有萬有引力，即便是在宇宙的邊緣，萬有引力的效應依然存在。因此在研究天文的動力問題時，大部分的情況都只考慮萬有引力。

比較簡單的動力問題是雙星系統，因為只牽涉到兩個星星，相互藉著萬有引力繞著共同的質量中心運轉，這個問題在理論上是有解的，只要將運動方程式寫下來，就可以數學方式求解，再藉由電腦計算得到詳細的運動狀況。

較困難的是三體問題，除非有特殊限制，例如第三個星星的質量太小，它的萬有引力無法影響其他兩個星，否則一般的三體問題在理論上是無解的，這時只能透過電腦進行數值計算。至於數量更

大的多體問題基本上都得靠電腦的協助。

　　若用電腦解決多體問題，可以將天體當成數學上的一個質點，每個質點都受到系統內其他質點的萬有引力。設整個系統有 N 個質點，則計算萬有引力的次數是 N（N−1）／2，當每個質點受力全部加總起來，透過牛頓第二運動定律，作用力等於質量乘以加速度，算出每個質點下一個時刻的位置，整個系統一步一步地隨著時間向前推進，數百年、甚至數十億年的動力過程便在電腦螢幕上展現出來。

　　從物理學的角度來看，多體問題只是計算繁複而已，但只要有足夠的電腦計算時間，一定可以算出結果。不過相較於真實狀況，電腦模型還是太過簡單，並且所需的電腦計算量太大，每當質點數變成一百倍，計算量就要變成一萬倍，也就是說原本只需要一天的計算時間，可能就會變成得要二十七年才能完成。

## 改進演算法——用網格換取速度

　　解決這個問題的方法牽涉很廣，若只想要加快計算速度，可以從演算法和電腦硬體設計入手。整體來說，萬有引力的計算量最多，我們不必硬要計算每個質點所受到的萬有引力，也許採用其他演算法可得到類似結果，又能節省計算時間。

　　例如改算空間上的重力場，先將質點分布轉換成空間上的密度

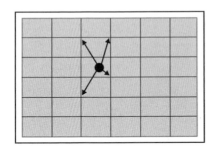

圖五：質點藉由差分的方式，分布到網格點
　上，計算出每個網格點上的密度分布。

分布，就像用一張很大的網覆蓋在空間上，然後根據質點分布狀況計算網格上的密度（圖五），有了密度分布，便可以計算出網格點上的重力場。

質點會隨著重力場的高低起伏，做出應有的移動，重複計算步驟就能得到質點隨時間的運動情形。這種計算方式的計算量是和網格的粗細有關，如果網格數為 N，計算量是和 N log（N）成正比，當網格數變成一百倍，計算量大約只增為二百倍，這就比之前快多了。

另外還可以從萬有引力的計算方式，改善硬碰硬的計算。原先是要把每個質點的萬有引力都算出，然後一一加總起來，若考慮將較遠的一群質點（設有 m 個）當成一個大質點，計算量便可以從 m 次減少到一次，這種演算法稱做樹枝狀碼（tree code）。樹枝狀碼的計算量也是和 N log（N）成正比，是現今計算天文動力問題的主流方法之一。

### 讓運算加速──多處理機

除了演算法的改進外，電腦硬體上也可以進行計算的加速動

作，採用許多處理機同時進行計算，也就是所謂的平行計算。平行計算是一種電腦計算的形式，藉由單一程式的控制，讓每個處理機都能平均分擔整體計算量，減少處理機之間不必要的資料傳輸。在硬體上，加快處理機的速度、增加資料傳輸的頻寬以及改進電腦間網路，都對平行計算的效率提升有幫助。

此外，還可以針對萬有引力的計算設計出特殊的硬體設備，例如日本東京大學的 Grape 計畫，他們將萬有引力的部分交由自行設計的電路計算，並且遵循向量電腦的計算構想，同時對許多質點進行計算，進而提高計算能力。這種特殊設計的硬體，只能針對某些問題，且價格偏高，使用並不普遍。

現在最「夯」的方式是用電腦的顯示卡進行計算。顯示卡為了提升螢幕解析力，並且能快速顯示螢幕的變化，顯示卡上都有個別計算處理機（GPU），這些 GPU 都有許多加速的設計，正可以應用到天文計算。不僅在天文領域，其他科學計算都可以獲得有效的計算加速，如果應用得宜，有時可以獲得百倍以上的加速效果。

## 用電腦透視恆星

除了許多星星的運動狀況，電腦還可用以研究單一恆星內部的結構。我們經常說的星星，是指類似太陽的恆星，是一種核心進行

核融合反應，可以產生大量能量的星體。恆星可以看成一個大氫氣球，這個氣球如何能維持固定的體態？

恆星維持體態的主要因素有二：萬有引力和壓力。萬有引力永遠是吸引的作用力，恆星自身的萬有引力使得恆星向中心收縮，星體越收縮，體積就越小，密度就越大，結果造成萬有引力越發收縮得厲害，這是讓恆星體態「苗條」的妙方。恆星自身的氣體壓力，則是發福的因子，恆星氣體壓力主要來自於核融合反應，核心藉由核融合反應產生的壓力會向外擴張。只要二者達到近乎平衡的狀態，恆星就能維持一定的體態，使得恆星能穩定地發光發熱。一旦知道恆星穩定的原因，便可以用數學式子描述穩定狀態下恆星內部密度、溫度等，當中主要的數學式子包括質量守恆、動量守恆定律、氣體狀態方程式，和連接恆星密度分布與萬有引力間的關係式。

有了恆星自身運作的物理原理，藉由電腦的數值計算，可以針對不同質量的恆星進行計算，了解恆星內部的詳細狀況，這便是電腦發揮強大功能的地方。現處在穩定平衡下的恆星，若考慮更多實際狀況，如參考太陽表面的米粒狀結構，得知太陽內部存有對流的運動，這時便會讓數學式子稍微複雜些。如果再加上核心核融合反應產生能量的速率，以及有限的反應燃料量（也就是核心氫的使用狀況），便可以計算出恆星一生的演化過程。

星球演化是天文學家早期利用電腦計算的重要成就，所以我們現在知道，太陽再經過五十億年後，會變成暴肥的紅巨星。根據推算，質量是太陽三十倍的恆星，不僅壽命只有數百萬年，其暴肥的結果會出現像元旦煙火秀一樣的超新星爆炸。此外，二者最後的遺留產物也不盡相同，太陽會變成白矮星，而大質量恆星可能變成中子星或黑洞。這些過程都能藉由電腦一一呈現。

## 結　語

　　宇宙當中不僅只有恆星，還有許多星雲和星塵，會和恆星混雜在一起，中性的分子雲藉由萬有引力可以塌縮成恆星，初生的原恆星會藉由分子流或噴流吹散四周的雲氣，之間的相互作用非常複雜，空間中的磁場和恆星所產生的輻射都是影響的重要因素，雲氣本身屬於流體的範疇，掌管流體的流體方程式也是非常複雜，大多數情況都得靠電腦的強大計算能力。

　　儘管電腦這麼好用，電腦進步的速度根據摩爾定律，是以每十八個月近乎兩倍的成長，但在天文模擬計算的領域中，天文學家總是有無止境的野心，畢竟宇宙是這麼大，有趣的問題永遠也是解不完的。

（2009 年 8 月號）

# 用 X 射線看星星

◎——周翊

任教中央大學天文研究所

> X 射線天文學自六〇年代開始發展，至今已有豐富成果。它不但為人類開了一
> 扇窺探宇宙的窗，更提供了一個人類無法創造的實驗室。

**第**一屆的諾貝爾物理獎頒給了倫琴（Wilhelm Conrad Roentgen），表彰其發現 X 射線的貢獻。時至今日，X 射線的應用已十分廣泛，醫療、工業製造與科學研究上，X 射線都是有利工具。但日常所見的 X 射線，除極少部分由放射性元素產生，大多是人工製造的，是將帶電粒子（通常是電子）加速或減速而產生。本文探討由天體所產生的 X 射線，因此我們將先討論天體中可能產生X射線的機制。

## 來自天上的 X 射線

首先談談X射線的基本性質。X射線為全電磁波頻譜的一部分，但波長極短，僅為可見光的千分之一，約一個原子的大小。以量子

論觀點來看，相較於可見光，它的粒子性極強，通常以「光子」處理。一個 X 射線光子的能量大約在數百至數十萬電子伏特。

　　天體的輻射機制可粗略分為「熱輻射」與「非熱輻射」。熱輻射方面，通常恆星所發出的連續光譜近似黑體輻射，因此我們利用黑體輻射概念來探討天體的熱輻射。將太陽的光譜與黑體輻射比較，發現與絕對溫度 6000K 的黑體相似，這就是一般所稱的太陽表面溫度，其主要輻射波段落在可見光波段。同理，若某恆星的主要輻射波段落在 X 射線波段，那我們利用黑體輻射中的「維恩位移定律」，就可以推測這個恆星的表面溫度高達六百萬度。

　　再來，我們考慮史提夫—波茲曼定律。假設這個恆星與太陽差不多大，那麼其輻射強度將是太陽的一兆倍。如此強大的輻射會產生極大的輻射壓，使恆星崩解。因此，一般恆星的輻射不可能以 X 射線為主。

　　另一方面，以非熱輻射而言，通常是帶電粒子經某些特殊物理過程或交互作用，釋放出 X 射線，諸如制動輻射、同步輻射與逆康普吞效應等。但無論何種機制，帶電粒子都至少要有與 X 射線光子相當的能量，也就是數千電子伏特。要維持帶電粒子在這樣的高能狀態，溫度也需在數百萬度以上（$kT \approx h\nu$），遠大於一般恆星的表面溫度。

事實上，一般恆星的 X 射線輻射很低，以太陽為例，其 X 射線的輻射量僅占總輻射量的百萬分之一。若將太陽放在一千秒差距（約 3200 光年）外，那麼以六〇年代前的技術，得將 X 射線偵測器的靈敏度提高一千億倍，才能偵測到太陽 X 射線。因此，雖然人類早在二次大戰後，就能利用探空火箭在大氣層外[1]做觀測，但對太陽系外的 X 射線源卻不感興趣。

## X 射線天文學的發軔

情況到六〇年代後有了改變。1962 年，賈可尼（R. Giacconi）嘗試將蓋格計數器以探空火箭載到大氣層外，試圖偵測月球表面所反射的太陽 X 射線，卻意外地發現一個強烈的系外 X 射線源——天蠍座 X-1，開啟了 X 射線天文學（賈可尼也因此獲得 2002 年的諾貝爾物理獎）。此後十年間，以探空火箭的技術，陸續發現約三十餘個太陽系外 X 射線源，但這些天體為何發出如此強大的 X 射線，在當時仍是一個謎。

隨著人造衛星的技術地逐年進步，人類終於發展出了衛星型態

---

1. 由於大氣層對 X 射線有很強烈的吸收作用，因此 X 射線的觀測都必須在大氣層外進行。

的 X 射線望遠鏡，以進行較長期的深入觀測。第一個衛星 X 射線望遠鏡 Uhuru 升空後，不但在三年內，將太陽系外 X 射線源的數目增加到三百多個，而且在分析其中的半人馬座 X-3 資料後，才解開這些 X 射線源之謎。從觀測資料發現，它是一個 X 射線脈衝星，脈衝週期 4.8 秒，這證明系統裡有個中子星。此外，這個 4.8 秒的脈衝週期並不穩定，而以 2.09 天的週期上下浮動，所以很明顯地此中子星是在一個雙星系統中，其 2.09 天的雙星軌道運動，造成軌道都卜勒效應。另一個強有力的證據是，系統中的 X 射線每 2.09 天會消失十一個小時，又進一步證明這個系統是個食雙星系統。

雙星週期僅 2.09 天，表示中子星與伴星十分接近，因此，伴星中的物質可能利用伴星的恆星風，或者藉由重力（潮汐力）的牽引，落到中子星的表面，這種物質落到星體上的現象，在天文學上稱之為「吸積（accretion）」，上述的天體則稱作 X 射線雙星（圖一）。一個 X 射線雙星絕大部分的輻射能都集中在 X 射線波段（超過 99%），其輻射功率很高，相當於一千～一萬倍的太陽亮度，其強大的 X 射線正是吸積時由重力位能轉化成輻射能而來。

## 緻密天體──強烈的宇宙 X 射線來源

然而，並非吸積到任何星體都會產生 X 射線，還必須能造成極

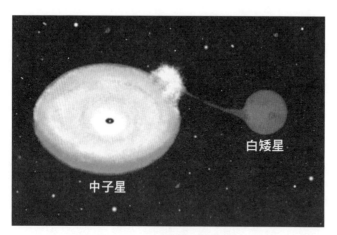

強的重力場（如中子星或黑洞）。要了解其中的原因，我們得先討論一下能量轉換效率，以及愛丁頓極限。

　　一般恆星的能量來源是核融合，考慮能量轉換效率時，質能互換公式

圖一：一個 X 射線雙星 X 1916-053 的藝術家想像圖。它是由一顆白矮星與一顆中子星組成的雙星系統，當白矮星的物質被吸積到中子星時，由於物質帶有一定大小的角動量，吸積時會形成吸積盤。

可寫為：

$$\triangle E = \eta \triangle m c^2$$

　　其中$\triangle E$為產生的能量，$\triangle m$為過程中「燃料」的損耗（不是質虧），而 $\eta$ 就是能量轉換效率。若恆星內部進行核融合反應（$4H \rightarrow He + 2e^+ + 2v_e$）時，每損耗四個氫、合成一個氦之後，有 0.8%的質量轉化成能量釋出，則 $\eta = 0.008$。

　　相較於恆星的核融合反應，X 射線雙星系統內中子星的能量來源，是吸積過程中所釋放的重力位能：

$$\triangle E = \frac{GM_* \triangle mt}{R_*} = \eta \triangle mc^2$$

$$\Rightarrow = \eta = \frac{GM_*}{R_* c^2}$$

其中 $\dot{M}_*$ 為星體質量，$R_*$ 為星體半徑。對白矮星而言，能量轉換效率 $\eta = 0.001$。但對中子星而言，此值可高達 0.2。也就是說，當一物體掉落到中子星表面時，所釋出的能量，相當於 20%的質量轉換為能量，這比爆一顆氫彈（核融合，$\eta = 0.008$）高出許多，而由此吸積過程產生的亮度可寫為：

$$L_{sec} = \frac{GM_* \dot{M}_*}{R_*} = \eta M_* c^2$$

其中，$\dot{M}_*$ 為吸積率，即單位時間吸積至星體的質量，在能量轉換率高時，僅需有限的吸積率，就能造成很大的亮度。以半徑十公里、質量 $1.4\ M_\odot$（$M_\odot =$太陽質量）的中子星而言，若吸積率 $\dot{M}_* = 10^{16}$ erg／s$\approx 1.5 \times 10^{-10} M_\odot$／yr，就能產生每秒 $10^{36}$ 爾格（erg／s）的亮度（約為太陽亮度的一千倍），而如此小而緩慢的質量損失，對伴星來說根本微不足道，因此伴星能提供足夠的吸積物質，使 X 射線雙星一直發出 X 射線。

以上僅就能量來源作討論，雖然吸積可提供 X 射線雙星發出比太陽大出數千至數萬倍的輻射能量，並不代表它一定會發出 X 射線。銀河中比太陽亮數萬倍以上的恆星所在多有，如天津四，其亮度超過太陽六萬倍，但其輻射仍以可見光為主。我們還需要探討一下吸積到緻密天體時所發出的光譜。

首先討論在吸積過程中，X 射線輻射源的大小。由於重力與距離平方成反比，在物質掉落的過程中，有 90%以上的重力位能，是損失在距星體十倍半徑的範圍內，換句話說，絕大部分的重力位能，是在星體表面附近轉化成輻射能的。利用史提夫—波茲曼定律，星體的亮度（發光功率）為：

$$L_{sec} = 4\pi R_*^2 \sigma T_*^4$$

假設物質吸積到白矮星上時，能放出 X 射線，表示其表面溫度約為一千萬度，若以白矮星半徑約一萬公里估算，則白矮星的亮度（理論上）會高達每秒 $7 \times 10^{42}$ 爾格。但天文學中，穩定星體的亮度是有其上限的，稱為愛丁頓極限，其值為：

$$L_{sec} = 1.25 \times 10^{34} \left(\frac{M_*}{M_\odot}\right) erg/s$$

否則光的輻射壓超過重力，恆星便會崩解。對一個吸積系統而言，極大的輻射壓將造成物質被推離星體，使吸積停止。因此，在白矮星（質量小於 1.4 M☉）的吸積過程中，不可能產生強烈的 X 射線。但對中子星或恆星級的黑洞（質量約數倍 M☉）而言，其輻射源僅十公里大小，以史提夫—波茲曼定律推算，其輻射功率約每秒 $7 \times 10^{36}$ 爾格，遠小於對應的愛丁頓極限，而此數值也與目前觀測 X 射線雙星的結果相當。

## 宇宙中的物理實驗室

　　由此可知，緻密天體的吸積過程中，唯中子星與黑洞能產生強烈的 X 射線，且就產生在其星體表面附近。這些天體的表面環境十分特殊，人類往往無法製造，如超強重力場、超高密度物質（水密度的一兆倍）、超高溫（千萬度到數億度）及超強磁場（數億至百兆倍的地球磁場）等。

　　黑洞相關的研究方面，由於孤立的黑洞並不會發出可觀測的電磁輻射，[2] 我們須觀察吸積現象引發的輻射，才能夠了解黑洞的性

---

2. 事實上，孤立的黑洞會發出霍金輻射（Hawking radiation），但對一個太陽質量級黑洞而言，其霍金輻射僅相當於一個絕對溫度為 10-7K 的黑體輻射，輻射量太低難以觀測。

質，特別是接近黑洞表面。而 X 射線雙星，是目前唯一可以用來觀測恆星級黑洞的天體，至於百萬恆星級黑洞的研究，則必須藉助活躍星系核與似星體等天體的 X 射線來研究。

　　雖然人類對中子星並未完全了解，但已有許多證據顯示，其質量約為1.4M⊙，半徑僅約十公里，為其相對黑洞（史瓦茲）半徑的二倍。在其表面所發生的物理現象，一定要考慮廣義相對論的效應。故黑洞與中子星表面成為廣義相對論的絕佳實驗室，由廣義相對論所推論出來的現象，可藉觀測 X 射線雙星獲得證實。以下就近年來在 X 射線天文學方面，發現的有趣天文現象作介紹。

## 最小穩定圓軌道

　　九〇年代中期，天文學家觀測 X 射線雙星時，發現有些 X 射線光度，會以數百甚至數千赫茲的頻率變動，稱為千赫準週期震盪。這種光變的頻率會隨輻射光譜狀態而不同，而且常會同時觀測到兩個頻率。一般相信這是吸積盤內緣（很靠近中子星表面附近）的克卜勒運動所造成。

　　研究X射線雙星 4U 1820-30 時，天文學家發現，吸積率（X射線強度）增加時，千赫準週期震盪的頻率也隨之變大，但高頻震盪到了約 1050 赫時，就不再增加（圖二）。天文學家相信，這個頻率所

對應的半徑，即廣義相對論所預測「最小穩定圓軌道」之半徑。由廣義相對論可推得，在三個史瓦茲半徑內不存在穩定圓軌道，因此當物質繞行中子星附近，不可能在三個史瓦茲半徑內有克卜勒運動，也就無法形成更高頻的千赫準週期震盪，因而頻率停留在 1050 赫左右。據此推論，可得出 4U 1820-30 內的中子星質量約為

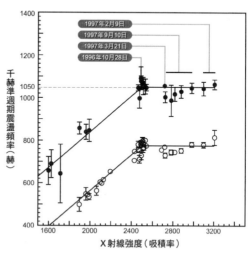

圖二：X 射線雙星 4U 1820-30 的千赫準週期震盪頻率與 X 射線強度關係圖。其高頻震盪到 1050 赫後不再增加，是其最小穩定圓軌道所對應之克卜勒頻率。（圖片來源：參考資料 2）

2.2 M☉，雖比一般習慣上常用的 1.4M☉為大，但仍在可接受的範圍。

## 測量黑洞的角動量

　　黑洞與廣義相對論的研究，近年也有些有趣進展。一個「黑洞無毛」理論，說我們僅能測量黑洞的三特性：質量、角動量與電荷。一般天體呈電中性，所以我們將焦點放在質量與角動量（旋轉）。測量黑洞質量並不十分困難，可利用附近天體的運動狀態得知（如雙星系統）。但如何測量角動量呢？如上述，黑洞附近存在

一「最小穩定圓軌道」，值為三個史瓦茲半徑，但這是指不自轉（角動量為零）的黑洞。對於高度旋轉的黑洞而言，最小穩定圓軌道半徑將小於三個史瓦茲半徑，因此若能測得黑洞的最小穩定圓軌道半徑與質量，將可推論出其角動量。

天文學家利用九〇年代末發射的 X 射線望遠鏡 Chandra 與 XMM-Newton 的高解析度光譜儀，對許多黑洞 X 射線雙星觀測，發現其鐵譜線型態相當不對稱，與廣義相對論的推論相符。但有些黑洞 X 射線雙星的譜線，如 XTE J1650-500 與 GX 339-4，出現異常現象，經推算其最小穩定圓軌道半徑明顯小於三個史瓦茲半徑，說明這兩個黑洞正在高速旋轉（圖三），且很可能如同毫秒脈衝星一般，在演化過程中，從吸積來的物質獲取角動量而越轉越快。因此，對 X 射線譜線的觀測，可供我們測量黑洞角動量。

## 二十世紀未解之謎——天文 X 檔案

觀測緻密天體所發出的 X 射線，也協助解決天文物理上的問題。自從二十世紀中葉預測出中子星的存在以來，一直困擾天文學家問題是：它的「狀態方程式」（質量與半徑的關係式）仍然未知。雖然我們相信，像白矮星與中子星這種「簡併態」的星體，應該是質量越大而半徑越小，但一個中子星要到多大的質量，其相對

圖三：一個無旋轉的黑洞（左）與高速旋轉的黑洞（右）鐵的譜線之型態不同，高速旋轉的黑洞有較小的最小穩定圓軌道半徑，可藉以量測黑洞的角動量。（圖片來源：http://chandra.harvard.edu/photo/2003/bhspin/）

的史瓦茲半徑會大於其星體半徑，而形成黑洞？這些問題尚未有能被廣為接受的理論模型。因此，天文學將試圖以觀測的方式精確地測量中子星半徑與質量的，以求得它們的關係式。

　　本世紀初，這方面的研究露出了一線曙光，這要歸功於先進的X射線望遠鏡對「X射線爆發」的觀測。X射線爆發是在七〇年代所發現的一個現象，只出現在以中子星為主星的 X 射線雙星。當物質不斷堆積到中子星表面，到達一定程度後，會產生「熱核不穩定」現象，此時中子星表面的氦會大量進行核反應，形成「氦閃」，使 X

射線強度竄升數倍至數百倍，持續時間僅數十至數百秒。因此可確定，在 X 射線爆發時，大部分的 X 射線是由中子星表面直接發出。

　　1999 年底，歐洲 X 射線望遠鏡 XMM-Newton 升空之後，對一個 X 射線雙星 EXO 0748-676 作了長時間地觀測（約三十三萬秒），期間共收集到二十八次的 X 射線爆發。天文學家利用 XMM-Newton 的高精度光譜儀分析了這二十八次事件，發現其重元素譜線發生明顯的重力紅位移（z = 0.35），因而得出中子星的質量與半徑的比值。後來，又有天文學家從爆發時準週期震盪[3]的頻率，推算得出中子星的自轉週期，並分析上述譜線因中子星的自轉而變寬的程度，進而得出中子星的半徑約為 11.5 公里，其質量約為 1.8M⊙。至此，我們終於在中子星的質量—半徑關係圖上，畫下了一個比較明確的點，走出相關研究的第一步。

### 結　語

　　X 射線天文學自六〇年代以來，已為天文學家開了一扇窺探宇宙的窗。本文僅簡介其對緻密天體的研究，與基本物理定律，如廣

---

3. 是僅在 X 射線爆發時觀測到的 X 射線快速光變現象，其頻率在數十到數百赫茲之間。在對吸積毫秒脈衝星的觀測中，已證實這個週期就是中子星自轉週期。

義相對論等的驗證與應用。

　　事實上，不只 X 射線雙星能發出強烈的 X 射線，其他諸如本銀河系內的 X 射線脈衝星、超新星遺跡、銀河系外的活躍星核、似星體、星系團，甚至於最近頗為熱門的伽瑪射線爆發，都是 X 射線天文學的課題。

　　更特別的是，在九〇年代甚至未來，當更高感度的 X 射線望遠鏡投入觀測後，原本一些在傳統上，不屬於 X 射線天文學研究的天體或天文現象，如白矮星與恆星形成等主題，都將因能夠偵測到其所發出的 X 射線，而變得更加豐富，雖然籌建 X 射線望遠鏡所費不貲，但所獲得之天文或物理上的回饋，是難以用金錢來衡量的。

## 維恩位移定律

　　在黑體輻射的光譜中，最大輻射能量所對應的波長與溫度成反比。

$$\lambda_{max} = \frac{b}{T_k} \text{，} b = 2.8776 \times 10^6 \text{ mmK}$$

其中 $T_*$ 為恆星表面溫度，而 $\lambda_{max}$ 為主要輻射波段之波長。

**史提夫──波茲曼定律**

即黑體輻射強度（單位面積的輻射功率）與溫度間關係。

$$F = \sigma T_*{}^4$$

其中 σ 為史提夫－波茲曼常數。

（2009 年 5 月號）

**參考資料**

1. van der Klis, M., Rapid X-ray variability, in stellar compact X-ray source, ed. W. Levin & M. van der Klis, *Cambridge Univ. Press*, 39-112, 2006.

2. Zhang, W., Smale, A. P., Strohmayer, T. E. & Swank, J. H., Correlation between energy spectral states and fast time variability and further evidence for the marginally stable orbit in 4U 1820-30, *Astrophysical Journal*, vol. 500L:171-174,1998.

3. Miller, J. M. et al., Evidence of spin and energy extraction in a galactic black hole candidate: the XMM-Newton/EPIC-pn spectrum of XTE J1650-50, *Astrophysical Journal*, vol. 570L: 69-73, 2002.

4. Miller J. M. et al., Chandra/high energy transmission grating spectrometer spectroscopy of the galactic black hole GX 339-4: a relativistic iron emission line and evidence for a seyfert-like warm absorber, *Astrophysical Journal*, vol. 601:450-465, 2004.

5. Cottam, J., Paerels, F. & Mendez, M., Gravitationally redshifted absorption lines in the X-ray burst spectra of a neutron star, *Nature*, vol. 420:51-54, 2002.

6. Villarreal, A. R., Strohmayer, T. E., Discovery of the neutron star spin frequency in EXO 0748-676, *Astrophysical* Journal, vol. 614L:121-124, 2004.

# 黑洞：抗拒不了的吸引力

◎—演講／蔡駿　整理／范賢娟

蔡駿：任職中央研究院，天文及天文物理研究所籌備處

范賢娟：任教臺北教育大學

本文整理自由中研院天文所與臺北市立天文科學教育館舉辦的系列科普演講（6月24日）。主講人蔡駿博士以深入簡出的解說，介紹黑洞的科學原理與吸引力，帶領讀者深入領略黑洞之美。

黑洞是愛因斯坦廣義相對論非常奇妙的結果，研究黑洞需要非常高深的數學與物理背景，然而其中的基礎概念，只要具備高中物理與幾何概念即可領略一二。今天即是從這種角度來介紹，希望大家能由此發現黑洞致命的吸引力。

　　黑洞是恆星演化的最後產物，要介紹黑洞，必需先了解恆星，此處以大家熟知的太陽為例。目前太陽正值壯年，已經存在五十億年，大概會再存活五十億年。太陽能穩定存在是因為內部的核融合反應提供能量，使得太陽因受熱有往外擴張的力；但是凡有質量的物體會互相吸引，因此一大團的物質所有引力平均之後，會往中心收縮。而這兩股力一向外膨脹，一向內收縮，剛好維持平衡，就是

目前太陽的穩定狀態。

## 恆星墳墓大觀

核融合的燃燒需要燃料，而太陽的質量有限，所以總有一天會燃燒殆盡，這時沒有往外支撐的力，內部便會收縮成白矮星，這是以電子間互相排斥的「簡併壓力」抵擋重力收縮，它的密度比水大上一百萬倍。人類發現的第一顆白矮星是天狼星的伴星（Sirus B），那是一個質量與太陽相當，但是體積卻只有地球般大小的天體。

如果恆星剩下的質量大於1.4個太陽質量（$M_\odot$），則重力會大過電子簡併壓力，進一步收縮成中子星；這時以中子簡併壓力與重力相抗衡，根據理論計算恆星剩下的質量上限約是$3.2M_\odot$。一個中子星大約是把一個太陽般質量集中在一個比臺北市還要小的範圍當中，這樣的密度比水還要高一百兆倍。著名的蟹狀星雲（Crab Nebula, M1）中心就有一個中子星。

雖然中子星已經是非常緻密的天體，但是如果恆星死亡後的質量高於$3.2M_\odot$，則沒有任何力量能夠抵抗重力，最後坍縮下去便會成為「黑洞」。

## 相對論三大基本假設

要理解黑洞需用相對論為基礎，在此簡要介紹相對論三個基本假設：

（一）**慣性坐標的等效性**：在慣性坐標上所做的實驗結果都一樣，運動是相對的，因此無法找出一個絕對靜止的坐標。

（二）**光速的恆定性**：大部分的人會認為是邁克生和莫立的干涉儀測不出因為地球公轉而造成的光速差異，才使得愛因斯坦提出光速恆定的假設。其實愛因斯坦早在十五歲就考慮過這個問題。十九世紀早期，馬克士威從電磁學理論中整理出四個公式，並推導結論：電磁波如果做為一種波在真空的時空中傳播，它的速度是一個常數；但當年他沒有提到電磁波傳播的速度是在哪一個坐標系裡測量。

愛因斯坦在青年階段就很精通電磁學理論，他根據牛頓的絕對時空觀念假想自己以光速隨著光前進，此時會變成一個沒有時間變化、純粹在空間中移動的情況，這代回到電磁學的公式中他發現沒有解。針對這存在於牛頓力學和電磁學兩個理論的矛盾，年輕的愛因斯坦已看出馬克士威的理論之完美，而大膽假設牛頓力學是錯誤的。後來，愛因斯坦把這結果做為第二個基本假設——在任何坐標系下，光速在真空中是一個恆定的常數。

（三）**加速度坐標和重力場的等效性原理**：前面兩個假設屬於狹義相對論的範圍，提出這種說法之後，愛因斯坦仍因為無法處理加速情況，認為狹義相對論不夠完美。因此他後來花了十多年發展出廣義相對論，主要關鍵在於他意識到加速度和重力場的等效性。

設想在一個密閉房間，懸空在天花板上有一輛車子、一個酒杯和一顆蘋果，它們如果同時放下便會一起掉落。如果改成房間處於外太空當中，房間下方有一發射器，使得房間朝上加速。人站在房間的地板上，跟著一起加速向上運動，他看到車子、酒杯和蘋果都會同時向下掉落；但從外太空的角度來看，車子、酒杯和蘋果其實並沒有運動。

房間的加速運動造成車子看起來向下掉落，和車子因重力吸引而自由落下的情況是一樣的，這就是等效性原理。也就是在加速的坐標當中，你會感覺好像有重力場一般；如果與外界隔絕，則無法判定自己是在重力場中或是在加速情況當中。

## 時空相對　長幼失序

通過這三項假設，便可以推出所有相對論的東西，首先要了解時間和空間是相對的。從一個假想情況可以說明這理論：

假如有個雙胞胎的姊姊搭乘飛船，高速前往離地球最近的恆星

半人馬座α星（4.3 光年遠）旅行。她在飛船上有個計時鐘，是用兩面反射鏡讓光在之間傳遞，當光從一面傳到另一面，便記錄滴答一聲。這兩面鏡子之間的距離為 d，光速也已知，因此這個裝置便能用來記錄時間。此時在地球上的雙胞胎弟弟，也在觀察飛船上的計時器，但他所看到的光行進軌跡比較長，光速不變下，同樣的滴答一聲的時間，對弟弟而言卻變得比較長。在姊姊從這趟奇異的旅程回來後，二人的滴答記數應該相同，但弟弟測量的時間會比姊姊的時間還要長，因此弟弟過的時間比姊姊久，所以反而變成哥哥了（圖一）。這就是時間的相對性。而空間的相對性也可由類似情況來

圖一：在不同的坐標系統中計時的差異。(A)飛船中的姊姊看到的光行徑路線為垂直；(B)地球上的弟弟因為與計時器處於不同坐標，看到的光行徑路線比較長，測量到的時間也相對地增加。

談。因此牛頓力學所建立的絕對時間和絕對空間的觀念，就被愛因斯坦的理論打破了。

## 落體錯覺 千年難解

接下來談等效原理。古代有位哲學家亞里斯多德曾經基於觀測經驗而說：「重的東西會掉得比輕的東西快。」但是過了千年之後，有另外一位科學家伽利略則基於思考實驗認為：「物體不論輕重，往下掉的速度是一樣的。」

在伽利略之後還有牛頓。他利用第二運動定律（$F = ma$）和萬有引力定律（$F = \dfrac{GM_1M_2}{r^2}$），更進一步把伽利略觀察到的現象做了深入的探討，讓人了解在地球上物體同時落地的原因。

但是之後從愛因斯坦的角度來看，牛頓的第二運動定律和萬有引力定律都是錯的，只是他運氣好，這二個錯誤在一起便剛好得到正確的結果。無論如何，事實是所有的東西在真空的情況下，往下掉落的速度都是一樣的。

再設想此時有兩部電梯，一部在地球表面，另一部在外太空往「上」加速。此時如果有一束光從左邊往右邊射，往上加速的電梯的光從右邊出去時會比較低，因此電梯中的人看到的是光以彎曲的

路線前進；根據等效原理，在地球表面的情形也會一樣，因此光在重力場當中不會直線前進。而我們在時空當中定義「直的」概念，是根據光線訊息去對齊，因此光會彎曲就代表著空間也會彎曲，而時間與空間是關連在一起，因此時間也會彎曲。

　　這個想法早在廣義相對論之前就已經產生，我們可以假設觀察遠方有兩顆恆星，它們之間有個夾角。當太陽走到前面中間時，二道光線會受到太陽的引力影響而彎曲（圖二）。雖然光實際的路線是實線，但是由於眼睛回溯路線仍是走直線，因此會以為光線從虛線的路徑過來，而使得這兩個恆星之間的夾角變大。用狹義相對論和牛頓的古典力學算出來的夾角變化一樣大，但是用廣義相對論計

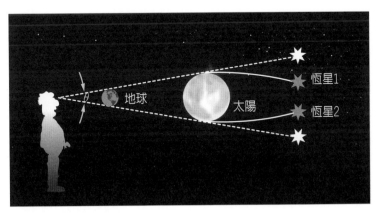

圖二：若是太陽處於觀測者與兩顆恆星之間，恆星發出的光線受到太陽引力影響而產生彎曲（實線），但
　　　觀測者所回溯的光線仍然是直線。

算的夾角變化會比古典力學的大一倍。這項預測後來在 1919 年日全蝕的時候，被英國天文學家愛丁頓爵士觀測到，因此確認廣義相對論的正確性。

## 小小芥菜子　能納須彌山

　　質量所建立的重力場會使時空彎曲，這種情況可以想像成在很平的塑膠膜上放小鋼珠，原本平滑的平面就會有些微凹，鋼珠重量越大則凹洞會越深。黑洞則是重力場最極端的情況，在很局部的空間當中，重力場很大，就像極重的鋼珠把塑膠膜壓個破洞，連光都跑不出其範圍，因此就稱之為「黑洞」。

　　黑洞的引力大，其潮汐力（對某物體的遠近二端之引力差）也很大，如果有人在黑洞附近頭上腳下的話，腳部所受到的引力作用比頭部所受到的引力還大，此時人就會被拉長成細麵條一般，這就是黑洞致命的地方。如果我們要把太陽這種質量的東西作成黑洞的話，它的半徑只有三公里。若要以地球的質量做成一個黑洞的話，就要把所有的東西都擠到一個銅板大小的空間當中。這裡所提的「大小」是指在該範圍當中，連光都逃不出去。

## 茫茫大千界　黑洞眾生相

　　既然連光都無法從黑洞表面離開，那該如何去觀察呢？有的時候，黑洞旁邊會有別的恆星陪伴，當該恆星變成紅巨星時會膨脹，整個外圍距離自己恆星中心越來越遠，而靠近黑洞的那側會被黑洞吸走。由於黑洞的引力很大，因此那些氣體會受到很大的加速作用，當內外層的速度不同以致相互摩擦時，就會發射出 X 射線。我們藉著偵測這樣的 X 光源，來推斷那邊有個黑洞（圖三）。

　　前文所提多是恆星演化末期的殘骸，而恆星形成的理論顯示一開始的星雲抽縮時，其質量會有個上限，大約在 $100M_\odot$ 之內，因此這些黑洞質量會在 $10M_\odot$ 以下，屬於「輕量級」黑洞。

　　另外有些黑洞的質量高達 $10^6 \sim 10^9 M_\odot$ 之間，這些黑洞存在於像銀河一樣星系中心的很小區域，科學家相信在每個星

圖三：雖然黑洞無法直接觀測，但黑洞在吸收星體的氣體時，會發射出 X 射線，科學家可以藉此來推斷黑洞的存在。

系中央都有重量級的黑洞。這種黑洞的觀測，也是藉著它把周遭雲氣吸進去時發出極亮的 X 光而得以偵測。我們自己的銀河應該有個四百萬倍太陽質量的黑洞，集中在一個比地日距離一半都不到的空間範圍內。

　　另外也有人好奇，在輕量級與重量級黑洞之間，會不會有「中量級」黑洞？如果真有這樣的黑洞，它的質量比輕量級大，應該不會在地球附近；但是質量比重量級小，輻射出的能量不如重量級多，因此不容易觀測。不過，真的有科學家尋找到 $7000M_\odot$ 的黑洞，所以中量級黑洞可能真的存在，質量介於 $10^2 \sim 10^5 M_\odot$ 之間。

## 黑洞其實並不黑　反而很亮

　　了解不同種類的黑洞之後，再簡單描述黑洞的特性。其實黑洞並不「黑」反而很亮，這是因為在它外面有大量的能量輻射。輻射的能量來源於物質被黑洞吸進時不會直接掉入，而是受到角動量的影響，在外面形成一個吸積盤圍繞，從刻卜勒第三行星運動定律知道，內外層間會有轉速差異，因而相互摩擦產生熱，釋放出 X 光。

　　這種熱還會使黑洞附近的氣體電子游離形成電漿，如果這黑洞有磁場，則電漿會被加速到近乎光速，沿著磁場方向形成高速噴流（圖四）。在實際觀測上，我們也可找到在 M87 這個橢圓星系中

心，可以看到這種預測的現象，根據估計它中心黑洞的質量是太陽的三十億倍。

黑洞會如此地亮，主要原因是質量轉換成能量的效率很高，太陽產生能量的方式是靠核心的核融合反應，雖然可以產生很多能量，但效率只有 0.7%，如果我們把物質丟到黑

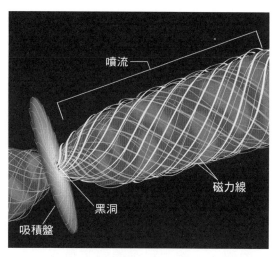

圖四：黑洞的吸積盤相互摩擦所產生的熱，使得附近的氣體電子游離進而形成電漿，當電漿加速到近乎光速時，則會沿著磁場方向形成噴流。

洞，黑洞的質量轉換成能量的效率可以達到 42%，是核融合反應的六十倍，這些能量可以讓黑洞變得非常亮。

至於有些人會提到「白洞」，它的特性和黑洞相反，會把內部的東西都往外送，不過目前這僅存在於理論當中，科學家還沒真正觀察到。

還有「裸奇點」（naked singularities）這樣的概念。一般的奇異點是把所有質量都集中到一點的地方，其重力無限大，應該是存在於黑洞的中心；但是也有人期待，黑洞外是否會有一個裸露的奇異

點存在。目前只有在電腦模擬當中，給予非常嚴苛的條件下才會看到裸奇點。

「蟲孔」可以想成把兩個黑洞上下疊在一起，就像在時空這座大山中挖個山洞。要形成蟲孔非常不容易，即使存在也是很不穩定；但是如果得以短暫存在，科學家在數學上能夠證明出，可以將「蟲孔」當成一種時光機器。雖然時光機器可以在過去、未來中穿梭，但對於科學上和歷史上的因果關係會造成混淆，造成困擾。

### 引力波——觀測黑洞的好工具

最後提到研究黑洞的工具。一般的天文觀測都是電磁波，不過電磁波容易被阻擋（包括被前面的物質折射、散射和吸收），這對被重重濃密氣體圍繞的黑洞來說並不適合。

目前認為比較適合的方式，是觀察兩個黑洞之間造成時空震盪的「引力波」。引力波可以穿透物質，幫助科學家了解黑洞附近的時空結構。然而引力波非常難觀測，在美國有個實驗室製造出一個長達四公里的管子，希望能偵測到一個質子大小的引力波變化；以後還要發射太空天線去探測，兩個太空天線之間的距離是五百萬公里，這是地月距離的十二倍，但所測得的引力波造成的變化也僅是一個原子的大小。因此儘管引力波是比較好的觀測黑洞的方式，但

是真要偵測到黑洞的引力波仍然很具有挑戰性。

目前有很多觀測結果的支持，讓黑洞從理論上的遐想步入了真實的世界。科學家已掌握到比較良好的觀測方式——引力波，只是現實中引力波非常微弱，如何才能加強了解黑洞的時空結構，還需要再努力。

另外，引力波的理論都是在地球附近的重力場測試，還沒有在強重力場下驗證，如果真的能克服觀測上的障礙，將有助於發展引力波的理論。在這樣的研究過程當中，或許會發現一些比黑洞更有趣的物體（例如白洞、蟲孔等），這對於量子重力理論的研究會有很大的幫助。

（本文整理自 6 月 24 日蔡駿博士於臺北市天文科學教育館的演講內容）

（2006 年 11 月號）

# 從星際塵埃中窺見宇宙萬千

◎—呂聖元

任職中央研究院，天文及天文物理研究所籌備處

浩瀚宇宙幾乎空無一物，如何研究其中的化學反應呢？天文化學家著眼於貌似毫不起眼的星際塵埃，發現它們所扮演的關鍵角色。

若是談到天文物理，大家可能很容易想像這類學門研究的對象、主題、或者是其中的關聯。但若是提到天文化學，聽起來便顯得陌生許多。究竟天文與化學的關係在哪裡？這篇短文的目的便是希望藉這個機會，向讀者介紹這個直覺上冷門的領域。

天文學研究小至恆星、行星，大至星系及宇宙等天體之起源、形成與演化的科學。化學是研究各種物質的組成、性質、或其形成與消滅過程的學問。當天文學研究的對象逐漸複雜，特別是超越了基本粒子、核子與原子而達到分子的層次時，對化學方面知識與研究的需要，就顯得很自然了。

在天文領域中，有關化學方面的研究其實發跡很早，許多天文現象與化學都密切相關。隨著天文知識累積、研究主題多樣化，天

文化學逐漸奠基，並在近二十年發展為一支重要的子學門。這樣的演變，或許可由史密松天文臺（Smithsonian Astrophysical Observatory, SAO）與美國航太總署所共同經營之天文資料檢索系統（SAO ／ NASA Astrophysics Data System, ADS）的紀錄為例，看出端倪。[1]

　　在這個彙整了主要天文學術期刊的資料庫中，若以 astrochemistry（天文化學）為關鍵字搜尋，在 1970 年之前的論文僅一篇，1970 年代有五篇，1980 年代有三十二篇，1990 年代增到九十三篇。自 2000 年至 2009 年，雖仍未滿十年，相關論文總數卻已經累積到了一千一百三十篇！[2] 當然，這樣的搜尋並不能將所有與化學相關的論文完全檢索出來，天文期刊與論文的總數本身也在逐年地成長。但這最後十年爆炸性的數字，的確顯示天文化學這個子學門，在整個天文研究領域中的蓬勃發展。

　　事實上，天文與化學兩者的關係相當緊密。化學研究的基本組成要素——原子，是透過天文物理的機制（主要是恆星內部的核融

---

1. http://adswww.harvard.edu/。
2. 若以astrochemistry加上cosmochemistry（宇宙化學）為關鍵字來搜尋，在1970年之前的論文有十五篇，1970 年代有一百三十五篇，1980 年代增為八百六十二篇，1990 年有六百零二篇。自 2000 年至今，相關論文總數亦已達到一千五百七十六篇！

合反應）所產生。若是沒有各式各樣原子的存在，宇宙中的化學或許就會變得無趣許多。反過來說，化學反應、過程與變化會控制著物質的表現，從而對天文物理研究的種種天體，有關鍵性的影響。因此，可以說「天文化學」其實扮演了協調著整個宇宙，從最初的大爆炸到今日，從星系、星際物質、恆星、行星乃至衛星的重要角色。

## 多樣的研究方式

　　廣義來說，天文化學的研究對象廣泛，研究方法也很多樣化。從一般所認知的天文觀測，太空探測與採樣，到地面實驗室中的化學反應模擬，與純粹的理論及數值計算，都包括在內。傳統的天文觀測包含了利用各種觀測技術，對遙遠的天體進行偵測。主要是透過電磁波為媒介，從由肉眼直接可視的光學波段，逐漸擴展到肉眼無法看見，但同樣是電磁波的無線電、X 光、紅外光、乃至毫米、次毫米等各個波段。[3] 太空探測與採樣則是直接對有興趣的天體與其組成物質，進行收集與分析。受限於人類能到達的範圍，這樣的方

---

3. 電磁波依波長分為伽瑪射線（小於 0.01 奈米）、X 光（0.01～10 奈米）、紫外線（10～400 奈米）、可見光（0.4～0.7 微米）、紅外光（0.7～100 微米）、毫米波與次毫米波（0.1～10 毫米）、微波（1～100 公分）、以及無線電波（大於 1 公尺）。

式主要集中於相對而言是「觸手可及」的太陽系內天體，其中，被動的樣本，好比由流星雨所帶來的各種隕石遺跡，主動出擊的任務，則好比早年美國航太總署先鋒號（Pioneer）系列對太陽系所進行的探測、阿波羅登月任務，乃至後來各國針對彗星與星際塵埃的攔截與成分分析，甚至是未來可能成行的登陸火星計畫。

　　除了對天體進行各種近距離或遠距離的探測，研究學者也努力嘗試，在地球上模擬可能在天體中發生的各式化學反應與現象。一是在實驗室中盡可能地塑建出太空中的物理環境，進而測量系統內的物質性質、組成或化學反應。一是建構在已有的認知上，透過理論計算特定化學反應發生的可能性與產物，或以數值計算一包含多種反應物的系統內，各化學反應生成物的多寡與變化。

### 獨特的物理條件

　　天文化學之所以特別，或說困難，又或說最富吸引力與挑戰性的地方，乃是其中所伴隨或作用的各種尺度。從時間上看，天文化學從宇宙之初的大爆炸後到現今，如此綿長的時間尺度內，一直在作用著。從空間上來看，天文化學影響整個巨大的宇宙，乃至極細微的星際分子與塵埃。最為特別的，當然是這些化學反應發生時，所處之極端環境，包括了極冷（−270～−260℃）或是極熱（攝氏數

圖一：哈柏太空望遠鏡在 1999 年拍攝，從卡利納星雲分離出來的分子雲，是由氣體和星際塵埃組成。

千度），以及極稀薄或是極緻密的物理環境。拿星際間的分子雲（interstellar molecular cloud，圖一）為例，其氣體密度為每立方公分內僅含數千個氫分子。這相當於是一般大氣密度之 $10^{-18}$ 次方。如果這樣的數字不足以提供一個具體概念，您或許可以想像將僅 一立方公分（或半個手指節體積）的空氣，稀釋到等同涵蓋整個臺北盆地由地面至三公里高空內的巨大空間中。這樣稀薄的環境，比世上頂尖物理實驗室所能達到的最佳超真空態，還要稀薄萬倍以上！

## 分子氣體與固態塵埃

　　正由於天文化學所關注的許多極端物理環境，仍無法在地球上複製或模擬，因而提供許多無法以先前的科學或經驗法則，所能驗證甚至想像的知識。以星際空間中氣體分子的反應與合成為例，1930 年代起，天文學家在恆星的可見光吸收光譜中，發現一些雙原子分子（如 CH、CN）存在的證據。但由於人們相信星際空間中稀

薄的氣體實在很難相互反應，因此並不期待在星際介質中能夠再有驚人的發現。然而，濫觴於 1970 年代的毫米波天文學，卻帶來出人意表的結果。透過當時新興發展的無線電波技術，天文學家在星際介質中一次又一次偵測到新的譜線；而透過與實驗室測量或量子力學的計算數據比對，天文學家證實了這些譜線來自於各式各樣的分子。這些分子伴隨著宇宙中最主要、最豐富的成分──氫，共同以氣體形式存在於星際空間中所謂的分子雲內。

迄今針對星際與拱星介質（interstellar and circumstellar medium）的觀測已經發現了至少一百一十五種不同的分子！這還不包括由同位素原子所組成的不同分子（例如 $^{12}CO$、$^{13}CO$、$C^{18}O$）。目前所發現的分子種類，包含由兩個原子所組成的雙原子分子，到由十多個原子所組成的長鏈或複雜結構的分子。這其中不乏一些日常生活就會接觸到、耳熟能詳的化學物質，好比一氧化碳（CO）、二氧化碳（$CO_2$）、甲烷（$CH_4$）、甲醇（$CH_3OH$）、乙醇（$C_2H_5OH$）、乙醚（$CH_3OCH_3$）、乙酸（$CH_3COOH$）。其中亦有多組同分異構物（同樣的原子組成之結構不同的化學物質），例如乙酸（$CH_3COOH$）與甲酸甲酯（$HCOOCH_3$）等。

這些星際介質中分子的合成要如何解釋？其豐度（相對於氫氣分子的多寡）及其演化、理論化學的數值計算，便以對各類化學反

應的了解為出發點，將許多單一的反應式連結成為複雜的化學反應式網絡（chemical reaction network），進而計算反應生成物的多寡與其對時間的變化。如同先前所提到，星際空間氣體的密度相當稀薄，因此不同與一般地球上所面臨的情況，多體（多個反應物）同時遭遇、碰撞並進行反應的機會相當微小。因此，星際介質化學反應的重要特性便僅考慮二體反應為主。

不論吸熱或放熱反應，經常需要跨越一定的反應能量壁壘（activation energy barrier）才能進行。在絕對溫度僅十到數十度低溫，沒有外在熱能提供反應能量的星際介質中，靠著反應物間微弱的庫倫力，幾乎沒有反應能量壁壘的離子—分子反應：

$$A^+ + BC \rightarrow AB + C^+$$

成為分子形成的主要管道。在較緻密且溫暖（數百至上千度）的環境時，需跨越反應能量壁壘的中性分子之相互作用才能發生：

$$A + BC \rightarrow AB + C$$

當然，在星際空間中還有其他各種的化學反應，如：

$$A + B \rightarrow AB + h\nu$$

$$A^+ + e \rightarrow A + h\nu$$

或者其他包含光子（$h\nu$）或宇宙射線參與的分解或游離反應。較複雜的純氣態反應計算，便同時囊括數百種反應物與生成物，以

及數千個氣態反應方程式！

　　然而即使盡可能應用完備反應網絡與最新的反應係數，考慮純氣態反應的化學模型仍面臨困境——某些複雜的有機分子在分子雲中的豐度無法得到滿意的解釋。這時，存在於分子雲中所謂的星際塵埃（interstellar dust）便展現出它所扮演的角色。

　　這些大小約為數百至上千奈米的星際塵埃，本身主要是碳化物或是矽化物。碳與矽擁有能夠形成多鍵結的能力，使之能由單一原子結合為較大的結構。這些原子在恆星內部由核融合產生後，在恆星演化後期，便藉恆星風或超新星爆炸，而被釋放到星際空間，並在冷卻過程中結合成較大的塵埃粒子。從星際塵埃的可見光與紅外線光譜，可以證實塵埃中主要為碳、矽成分。

　　更加有趣的是，這些光譜中經常同時看到許多分子所造成的吸收譜線。這些由分子鍵結振動所造成的譜線，顯示分子位於固態塵埃表面的冰層中。圖二即是藉由歐洲太空組織（European Space Agency, ESA）所發射之紅外線太空天文臺（Infrared Space Observatory, ISO）針對年輕恆星觀測所得到的光譜，進而推測出視線方向上的星際塵埃表面，所吸附的各式分子。

　　實際上，塵埃表面除了具備吸附分子的能力，更重要的是具有幫助某些化學反應進行的能力。某些原本很難在稀薄氣態中互相遭

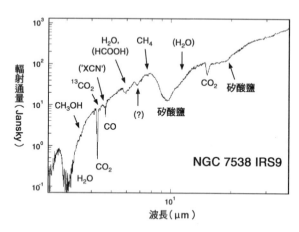

圖二：星際塵埃與其表面冰層造成之紅外線吸收譜線。圖為紅外線太空觀測站針對 NGC7538 IRS9 的原恆星系統，所觀測到的分子吸收頻譜。圖中標示塵埃本身或其表面冰層所包含的分子成分，問號處指光譜之來源未知或不確定。

遇的反應物，因為這種催化表面的存在，而能夠有機會在表面接觸，或者是反應物能夠透過接觸的表面，吸收或釋放出化學反應時的熱（能）量，而使得反應能夠完成。一般咸信，這種星際塵埃表面的催化功能，讓許多原本無法經由純氣態反應產生的分子種類得以合成。

## 科學應用與終極目標

由於特定的分子常常需要特定的物理環境，才能夠形成或者存在。這樣的性質，也成為天文學家偵測特定天文物理現象的獨特利器。以一氧化碳為例，由於在分子雲中有極大豐度，相對容易被偵測到，因此被廣泛用來偵測分子雲的大小、質量或動力結構。另一方面，目前認為一氧化碳的合成，須倚賴由碳、矽組成之星際塵埃存在。因此一氧化碳也成為研究宇宙與星系演化時，恆星是否已經

大量形成（進而能夠透過核融合製造大量碳與矽）的重要指標。再以氧化矽（SiO）為例，由於其僅能在高溫環境或星際塵埃裂解的情況下，才會在氣體中存在，氧化矽便成為研究原恆星系統周圍，由氣體吸積或噴流所造成之震波的最佳工具。

這些研究終極的目標，不外是為了滿足人們追求與探索宇宙奧祕的好奇心。宇宙的起源？地球的形成與起源？生命與人類的起源？人類對周遭的認知與探究，其實總是不斷地圍繞這幾個「起源」的問題打轉。

驅動著天文化學研究的重要動力之一，就是為了對地球上、甚至宇宙中的生命形態起源與分布，能進一步了解。早期針對隕石與彗星的研究，便發現這些「天外訪客」內包含豐富的有機成分，其中甚至有著多種構成蛋白質分子的基本要素——胺基酸存在。這些有機分子是否能經由隕石或彗星

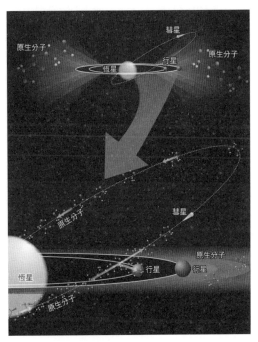

圖三：星際空間之有機分子可能存在於早期太陽系星雲與彗星中的示意圖。

帶到早期的地球？（圖三）如果能夠留存於地球的表面，又是否與地球上生命的起源有關？隕石與彗星所蘊藏的各種複雜有機物質，是否僅僅在太陽系初期的雲氣中能夠形成？抑或是在一般的星際雲氣中便能合成？如果答案是肯定的，那麼是否意謂著生命種子在宇宙的各處已經被撒下？星際間有機分子的存在，的確給人無限想像與探索的空間。

　　由此看來，本文中所提到的種種天文化學研究，雖然聽起來可能很遙遠，看起來和日常生活也沒有什麼直接的關聯，然而宇宙中這些天文化學的反應與過程，卻可能包藏著大自然生命起源奧祕的最終答案。

（2009 年 10 月號）

# 光明與黑暗、明天與末日
## ——與人類福禍相倚的太陽

◎——曾耀寰

在《聖經》創世紀第一章寫到：神說要有光，就有了光。兩千多年前的西方人對於「光」——如此重要、具有啟發性的光，指的應是太陽。因為「神稱光為晝，稱暗為夜」，而白天的光就是太陽光。相較於滿天星斗，太陽是人類所感受到、在宇宙間最光輝燦爛的一顆星球。《詩經》裡曾出現「杲杲日出」的詠歎；古希臘哲學家赫拉克利特認為火是萬物的本源，雖然沒有明指這個火就是或來自於太陽，但若說永恆不變的火是太陽，原則上也沒什麼大錯。如果沒有恆久不變的太陽，地球不會成熟，也不會有生靈，自然也不會有今日如此聰明的人類。說到人類對太陽客觀的、不夾雜著主觀的感受，第一印象多認為太陽是一個圓盤狀的發光體，所發出的光非常明亮刺眼、令人難以直視。正因如此，這個發光體被

古人視為非常理想的圓，沒有絲毫缺陷和斑汙；一旦出現日食奇景，一定是人做錯了事，神降下的處罰。

## 燦爛恆久的太陽

太陽是如此地明亮，透過現代科學的數據測量，我們可對太陽的亮度做出比較具體的描述。以家裡常用的白熾燈泡而言，其亮度是 100 瓦，瓦是一種單位，代表每秒鐘所放出的能量。所以燙手的 100 瓦燈泡，不僅表示它能量很高，也代表了放出能量的快慢。就好像轉開浴室的水龍頭，水龍頭開得越大，代表出水量大、每秒流出的水很多；因此，瓦數越大，也代表流出的能量越大。若將太陽每秒流出的能量換成 100 瓦的白熾燈泡，可以換成多少只呢？答案是個驚人的天文數字——大約是 400000......0000 只燈泡——4 的後頭共有二十四個零，多到不知要如何念出來。

這麼亮的太陽到底是什麼

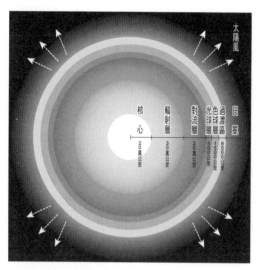

太陽內部構造剖面圖

成分組成的？和我們地球有何差別？其實太陽和地球是大大地不同，太陽是一個大火氫氣球，而地球只是一顆小石頭，太陽的質量是地球的三十三萬倍，半徑是地球半徑的一百零九倍，在太陽裡頭可以塞進一百三十萬顆地球。太陽裡頭主要成分是氫和氦，氫原子的數量占 94%，氦原子大約占了 6%，內部構造粗略地分成核心、輻射層、對流層和太陽表面（包括光球層、色球層、過渡區和日冕）。雖然說太陽是個大氣球，但內部密度可是超乎想像地緻密，從核心發出來的光，會不斷地和裡頭的原子碰撞，經過少則一萬七千年、多則五千萬年的跌跌撞撞，才能走到太陽的表面。

太陽表面果真是完美無瑕？我們很難用肉眼直視的方式來檢查太陽，一般人也就很少仔細觀察太陽表面，因此直覺上會認為太陽是個零缺點的圓盤。

實際上，太陽表面並不是如我們想像，沒有斑點和缺陷。1610 年，義大利天文學家伽利略發現，太陽表面有黑色的斑點。這斑點的確是在太陽表面上，因為經過長時間觀察，伽利略發現這些黑斑會改變位置，逐漸朝向右邊偏移，然後從太陽邊緣消失；數天後又從另一邊出現，繼續向右偏移，回到上次的位置。這代表黑斑是在太陽表面，也說明了太陽本身會自轉。這些黑斑稱為太陽黑子。在中國典籍中，早在約西元前 140 年，《淮南子‧精神訓》便記載

「日中有踆烏」，簡單地描述黑子的模樣；詳細的記載則是出現於西元前 28 年，《漢書・五行志》記載：「河平元年，……，三月已未，日出黃，有黑氣大如錢，居日中央。」不過這也只限於簡單的定性描述。

其實黑子並不是黑色，黑子只不過比周圍的太陽表面暗，所以看起來像是黑的。如果整個太陽變成像太陽黑子一樣，也只不過變暗些，因為太陽黑子的溫度約有三千多度，比太陽表面的六千多度要低，但燒紅的鐵也不過一千多度，可以想見三千多度的太陽黑子還是很亮的。

## 太陽黑斑發威

小姐女士們最怕的就是太陽的紫外線，紫外線會傷害人的皮膚，在白皙的皮膚上晒出黑斑。太陽黑子就像是太陽臉上的黑斑，不過太陽的黑斑是有生命週期的，一般持續數天，甚至數個月，但總是可以自己消失，無須昂貴的美白化妝品。在《後漢書・五行志》裡頭便也曾寫到：「五年正月，日色赤黃，中有黑氣如飛鵲，數月乃消。」

現在科學家已明白，太陽表面活動和結構都是很複雜的，除了近似黑氣的黑子外，還有磁場、米粒組織、閃焰、譜斑、日珥等。

簡言之，由於太陽表面有磁場，表面高溫氣體受到磁場的影響，會有各種不同的變化和活動，太陽黑子則是太陽磁場最強的地方，通常是地球磁場的數萬倍。

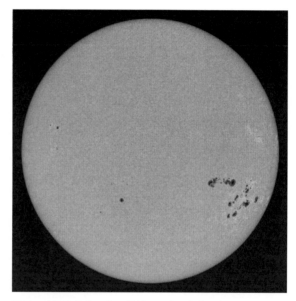

黑子—太陽臉上的黑斑，其數目具有週期性變化的特性，也是太陽磁場最強的地方。

先不論太陽黑子的形成原因，光從太陽黑子的表面觀察發現，黑子都是成雙成對的，有時也會成群出現。就長期觀察來看，太陽黑子的數量有週期性的變化：黑子數量上的觀察記錄可追溯到十七世紀，但發現數量變化的規律性，是十九世紀的施瓦貝（Heinrich Schwabe）。他原先是想尋找比水星更靠近太陽的行星，但因為太陽實在太亮，他嘗試在太陽表面尋找行星的陰影，因此進行了長達十七年的太陽表面觀測，記錄太陽表面的黑斑。

這項觀察記錄的工作，反而讓他發現了太陽黑子數量的變化週期，其變化週期大約為十一年，我們稱之為太陽活動週期（solar

cycle）。太陽黑子數量最多和最少的時期，分別稱為太陽活動極大期（solar maximum）和極小期（solar minimum）。

如果將太陽黑子數量變化週期和地球長時間氣候變化作比對，科學家意外發現十五至十八世紀，在北半球的小冰河時期竟然和太陽活動極小期一致。從資料顯示，西元 1645～1715 年是小冰河時期最冷的時候，當時的太陽表面幾乎沒有黑子活動，這段時期又稱做芒得極小期（Maunder Minimum），平均每年只有一兩個黑子出現（在一般情形下，應該可以看到數萬個太陽黑子）。

太陽表面活動的減少，表示從太陽流出來的能量變少。地球所需的能量都源自於太陽，因此科學家相信，北半球小冰河時期應是太陽產生的能量減少所導致的。從樹木年輪和鑽鑿出來的冰柱可以得知，從十七世紀末到十八世紀初，歐洲冬天的溫度約減少了攝氏 1～1.5 度；若從更大的區域來看，其實平均溫度只降了攝氏 0.3～0.4 度。變黯淡的太陽會使地球局部地區的溫度明顯下降，造成全球性的氣流變化，進而造成冰河時期發生。

## 小心太陽的臉色

以上是太陽的長時間改變所造成的影響，而在短時間內，太陽打個噴嚏也會影響地球。太陽雖然可以看成一顆大火氫氣球，但這

顆氣球並沒有一個外殼包住裡頭的氫氣，太陽裡的氣體之所以不會散去，是因為太陽本身的萬有引力。但在太陽表面，仍有氣體可以脫離太陽，不斷地向外逃逸，就像電風扇一樣向外吹出陣陣的太陽風。

我們在日食的時候，可以看到月亮遮住了圓盤中間特亮的部分，同時可以看到四周微微發光的光暈，我們稱之為日冕。日冕有時延伸的範圍，可以比太陽的本身還大。剛才說的太陽風，是真的像微風一樣吹出來，吹到地球附近。太陽風是一種游離的帶電粒子，平時的速度可以高達每秒數百公里，若以颱風來作比擬，依照中央氣象局的標準，中度颱風的風速每秒不過32.7～50.9公尺，超過每秒 51 公尺就是強烈颱風，但與太陽風相比，風速相差了數萬倍，這樣強的太陽風是可能造成地球災害的。

首先，人造衛星會受到影響，有時候我們可以看到有線電視臺宣布，因為太陽的緣故，衛星接收訊號故障，這是因為從太陽來的高速粒子會撞擊太空船和人造衛星，影響電子設備的運作。另外，太陽風會影響地球的電離層，進而干擾地球的通訊。我們知道地球是圓的，由於地形的關係，從甲地發出的電波無法傳得太遠；就好像離海岸太遠的船隻，一旦落到海平面以下，岸邊的人就看不到船隻。若要將甲地的電波訊號傳得更遠，就需要透過地球高空的電離

層。電離層可以看成一面反射電波的鏡子，這樣就可以將電波訊號傳到地平面之外，因此，受到太陽風影響的電離層當然會改變地面電波通訊的狀況。

此外，太陽表面出現激烈的電波爆發，伴隨產生的無線電波會傳到地球表面，也會影響手機的通訊及全球定位系統。例如 2006 年 12 月 5、6 兩日，太陽發生兩次強烈的閃焰，伴隨的高速電子和無線電波重擊地球，由於爆發的無線電波頻率涵蓋範圍很廣，使得許多的 GPS 訊號，或導航系統的訊號出現大量的雜訊，影響通訊品質。而 6 日的閃焰甚至造成許多 GPS 的接收器失靈，無法追蹤 GPS 的訊號。生氣時的太陽不僅會造成通訊不便，嚴重時，甚至會造成地面的電廠受到損壞。1989 年 3 月 13 日，由太陽所造成的地磁磁暴誘發電流，導致加拿大魁北克省的水力發電裝置受損，使加拿大和美國多處地方停電超過九小時，六百萬人受到影響，而當時正是太陽進入極大期，表面活動最強的時候。

另外，太陽活動增強，向外流出的能量增加，這些高能的太陽風跑到地球附近，會加熱地球的高層大氣。熱脹冷縮的結果，使得地球大氣變得比較厚，這會縮短人造衛星的壽命。人造衛星的飛行速度和它所在的高度有關：越靠近地球，就得飛快一些，否則會被地球的萬有引力拉回地面，這是簡單的人造衛星飛行原理。人造衛

星飛行所在的位置和地球大氣有密切的關係,如果有地球大氣存在,飛行所造成的摩擦,會使得人造衛星減速,掉落到更低的軌道,間接減少了人造衛星的壽命。

## 極光——太陽風的禮讚

不過太陽風也不全然是壞的,它所形成的特殊大自然景觀,成為高緯度地區的特有風貌,那就是美麗動人的極光。高緯地區、極光橢圓圈內的地方,如果天空晴朗,每天晚上(尤其是午夜前)幾乎都可以看到極光。極光在南北兩極都會發生,約一百年前,科學家發現極光的發光原理,與日光燈以及霓虹燈的發光原理相似:是從太空的高速電子撞擊高空稀薄的中性大氣,使大氣粒子發光,形成類似地球大窗簾般的光幕。

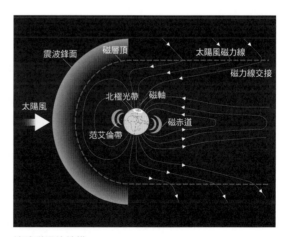

地球磁場的結構

至於極光出現的位置,則和地球本身磁場有關(右圖)。如前所述,太陽不斷向四面八方吹出太陽風,有時是強烈的暴

風，這些高速的太陽風就像來自外太空的砲彈，直射地球。地球本身並不會坐以待斃——地表會升起一道防護罩，就像《星際大戰首部曲》中，剛耿人遭受武裝機械人軍團攻擊所升起的防護罩。地球的防護罩可以抵擋太陽風的攻擊，太陽風垂直穿越磁力線時，會受到阻力，就像武裝機械人軍團的雷射砲彈打到防護罩一樣。地球的防護罩就是地球本身的磁場，地球的磁場可以阻擋來自太陽的帶電粒子攻擊。但順著磁力線的方向則不會受到影響。太陽所引起的地球磁暴會使得磁尾附近的帶電粒子，順著地球磁場進入地球，而地球的磁力線匯集到南北兩極，這就是為什麼極光主要發生在地球兩極的原因。

## 要太陽的命，也帶走地球的命

太陽這般地「呆呆日出」還會持續多久？全看太陽何時用盡它的燃料。太陽之所以會發光、發熱，全仗著內部的核融合反應。太陽核心的氫原子，會經過融合反應變成氦原子；在融合過程中，會有質能轉換的反應，提供了太陽 $4 \times 10^{26}$ 瓦的能量。但，天長地久有時盡，根據計算，太陽內部的核融合反應可以持續一百億年，這和太陽的總質量有關。至今太陽已經燃燒了五十億年，也就是說，再經過五十億年，太陽就要走到它的生命盡頭。

在太陽進入老年時期，由於外圍氣體的膨脹，太陽會像吹了個大大的氣球一般，變成一顆紅巨星，膨脹的範圍會吞噬水星和金星，有可能連地球都會遭殃，可以想見這將是人間煉獄。太陽表面的高溫氣體會蒸乾地球的水分，這不僅只是更強烈的太陽風，而是整個地球都將沒入太陽的範圍，這絕對是地球的一場浩劫，沒有任何生物能倖免於難。

之後，太陽會變成一顆死亡的星球，依照現有的研究，屆時太陽外圍的氣體會不斷地向外擴張，就像吹出去的泡泡，永不回頭——這就是天文學家看到的行星狀星雲，當中剩下的殘骸就是白矮星。白矮星的體積很小，大概就像我們的地球一樣；白矮星無法自己產生能量、自行發光，它會像熄了火的殘餘灰燼，不斷地將剩餘的熱釋放出去，溫度越來越低，最後變成一顆黑矮星。

這個過程不僅要了太陽的命，也要了地球的命，整個太陽系也將失去光明。天文學家就像神算子一樣，預見太陽的死亡，也預見地球的悲慘未來。只是，這一切都發生在五十億年之後，人類自有文字記載以來，最多不過數千年，我們還無須杞人憂天、自尋煩惱。不過，太陽是否有可能在不到五十億年的時間就突然地「暴斃」？藉由對基本物理的了解，這是有可能的，這也是科幻小說吸引人的地方。

今年 4 月上映的電影《太陽浩劫》，就是一齣描述太陽在短短五十年間失去光明的故事，《太陽浩劫》屬於科幻災難片，就像《明天過後》《28 天毀滅倒數》一樣。由於太陽即將死亡，片中的八名科學家帶著炸彈，投往太陽的核心，以期解救太陽、解救地球危機。傑克！這真是太神奇了！這麼神奇的科幻故事，是否有其依據？其實該片聘請了科學家寇克斯博士（Dr. Brian Cox）作為顧問，他是一位高能物理學家，在歐洲日內瓦使用大型強子對撞機做研究。寇克斯博士認為，太陽核心如果跑進「Q 球」，Q 球便可從核心開始，向外不斷地蛀蝕，最後讓太陽毀滅。

　　Q 球是一種超對稱核，屬於基本粒子的一種。一般人都知道，所有的物質都是由原子所組成，金有金原子、鐵有鐵原子，而原子又是由質子、電子和中子所組成，金原子有七十九個質子、七十九個電子和一百一十八個中子，鐵原子則是有二十八個質子、二十六個電子和三十個中子。若繼續切割下去，物理學家發現質子和中子都是由三個夸克（quark）所構成。這些都是物理學家想探究的問題——宇宙最基本的組成及掌控最基本的物理原理。

　　其中，超對稱的概念是非常重要的，根據這個概念，一般物質都有對應的超對稱物：最基本的粒子是夸克，其對應的超對稱粒子是純量夸克（squark）。而 Q 球屬於超對稱物，當它碰到一般物質，

會將這個物質轉變為超對稱粒子，例如將夸克變成純量夸克。這個過程會從太陽的內部向外進行轉變，最後會使得太陽爆炸毀滅。

## 解救太陽的計畫

至於如何解救太陽危機？這又得靠更炫的「星球炸彈」來拯救人類。原子彈是靠著引爆小型炸彈，在高溫的情況下，誘使鈾產生連鎖反應，最後引爆原子彈。星球炸彈也類似原子彈，是利用鈾來引爆暗物質。把星球炸彈在太陽的核心引爆，產生高達 $10^{32}$ 度的高溫，這溫度也是Q球形成時的溫度，在這樣的溫度下，Q球會分解成純量夸克，純量夸克則會進一步分解成一般的夸克，也就是一般物質，然後解救太陽。那「暗物質」又是啥玩意？暗物質是由天文學家所發現的，至今還不知道暗物質是哪種物質，天文學家比較傾向認為暗物質是非常暗的天體（雖然有這類天體，但現有證據的數量不足）；高能物理學家認為，暗物質是理論的基本粒子（也就是實驗室裡都還沒找到的基本粒子）。

但暗物質還不是宇宙最神祕的物質，天文學家發現宇宙還有更神祕的「暗能量」——暗物質占了全宇宙的 23%，暗能量更占了 73%，剩下的才是組成我們的一般物質。如此說來，暗能量應該更具戲劇效果，說不定好萊塢正在拍攝暗能量吞噬全宇宙的《太陽浩

劫之宇宙浩劫篇》……。無論如何，我們還是輕輕鬆鬆地坐在電影院裡好好享受電影，研究的工作就留給科學家吧！

（2007 年 6 月號）

# 探索太陽系的起源

◎—劉名章

任職中央研究院，天文及天文物理研究所籌備處

隕石與彗星是宇宙中最神祕的旅行者，科學家藉由研究其中的礦物組成與同位素分析，試圖解答太陽系誕生之謎。

天文和地球科學的關係，說實在的，除了在國高中階段，天文被放到地球科學課本內，上課要上、考試要考之外，要說出這兩者的關係還真是得花上相當腦筋；傳統地球科學研究地球，而傳統天文學則研究太陽系外天體，兩個學科似乎少了這麼一點連結。可是聰明的讀者，不知道您是否發現，要從地球跑到太陽系外，需要旅行過一片相當大的空間。而這個空間裡，並非空無一物，反而相當熱鬧。

答對了，這個空間，正是太陽系其他天體的居所，有著八大行星[1]及其衛星、小行星、古柏帶和歐特雲天體。它們若遠似近、看得

---

1. 據 2006 年國際天文聯盟會議決議，冥王星不被稱為行星的最主要原因，為其周遭有太多相似天體，不符合「能夠清除軌道附近的天體」之要項。

到卻又摸不著，如何透過它們來更了解太陽系？了解太陽系的什麼呢？這個看來不夠傳統天文，也不夠傳統地球科學的領域，我們管它叫作行星科學。

## 石頭、氣體、大雜燴

　　行星科學的研究對象，就是太陽系天體。小從幾百公尺級的彗星與小行星，大到十萬公里級的類木氣體行星，都屬於這門科學的範疇。這些天體，不是石頭（水星、金星、火星、行星的衛星和小行星帶天體）就是氣體（木星、土星、天王星和海王星），再不就是冰雪碎石大雜燴（古柏帶與歐特雲彗星）。既然它們本身特性大異其趣，研究方法也就相當多元，簡單分兩大類：

　　（一）**親手操作型**：星際空間中，有許多小型石質天體，如小行星帶，偶爾會受重力擾動而互相碰撞，產生四處飛濺的小碎片。當碎片進入地球重力場，掉到地上成為隕石，我們便可在地表的實驗室進行各式分析。另一種獲得外太空固體標本的方式則是「喚山不來則就山」──上太空採集標本，如早期阿波羅登月計畫，或最近才完成使命的星塵號彗星任務（Stardust Mission）。

　　（二）**遠距分析型**：有些太陽系天體不太可能讓科學家有親手分析的機會，如氣體行星或水星，這時就要倚靠太空船上的各式分

析儀器。如早期伽利略太空船（Galileo）探測木星、兩年前完成的土星卡西尼—惠更斯任務（Cassini-Huygens）、進行中的水星信使號任務（MESSENGER），與預計 2016 年到達冥王星與古柏帶的新地平線任務（New Horizons）等。另一種遠距分析方法，則是靠天文觀測，譬如利用紅外線或雷達來了解小行星地表組成等。

　　以下介紹第一類的研究，並把重點放在隕石和彗星所能帶給科學家的訊息，希望給讀者有別於傳統天文學的思維，了解天文學不是只有望遠鏡而已。

## 隕石與彗星的祕密

　　隕石和彗星在行星科學上皆扮演相當吃重的角色——它們同為行星形成後殘渣，見證太陽系的形成，記錄了最初的天文物理化學環境。科學家利用不同的分析儀器，嘗試了解隕石和彗星中的礦物組成與化學成分，最終目的在探究一個最基本的問題：太陽系與行星的起源與演化。[2]

---

2. 關於隕石的研究，筆者曾撰寫過一篇專文〈隕石與太陽系形成〉《臺北星空》40 期，有興趣的讀者可上網閱讀。

## 太陽系形成的見證者──隕石

　　隕石為太陽系內石質天體的碎片，大部分來自小行星帶，其次來自月球，只有極少數可能源自火星。根據組成與形態可分成石質隕石、石鐵質隕石與鐵質隕石三大類，以第一類最常見。

　　石質隕石依其化學成分與形成過程，可再細分為球粒隕石（圖一 A）與非球粒隕石（圖二）。 前者主要組成物，是數毫米到數公分大小的球粒（圖一 B）與基質物質。球粒為矽酸質礦物的組合體，主要包含橄欖石、輝石與長石等。科學家相信，球粒為熔融的岩漿快速冷卻而形成的產物，若球粒所在的基質物質中富含有碳的成分，便稱為碳質球粒隕石。大多數碳質球粒隕石中，還富含鈣鋁

 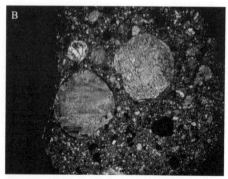

圖一：(A)碳質球粒隕石。圖中圓形物體為球粒，不規則物體則為鈣鋁包裹體；(B)球粒放大照。

包裹體，直徑大約數毫米至 1 公分（圖三），其特殊的礦物組成以及化學成分，再配合熱力學的計算，使科學家相信此包裹體的主要礦物形成溫度，皆在 1300℃ 上下，為太陽系最古老的固體產物，反應了太陽系最初的組成。

　　石質非球粒隕石則是不包含球粒的隕石，主要是來自已受過岩漿分異作用的小行星，[3] 喪失了太陽系最初的化學訊息，不適用於討論太陽系的起源。

　　透過隕石了解太陽系形成，有很大一部分著重在同

圖二：非球粒隕石。此隕石極可能來自於小行星 Vesta 的地殼層，其中含有綠色的礦物——輝石。

鈣鋁包裹體

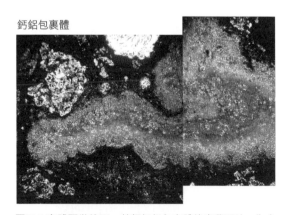

圖三：實體顯微鏡下，某類鈣鋁包裹體的光學照片，為太陽系最古老的固體之一。

---

3. 岩漿分異作用是鐵質岩漿和矽酸岩漿因無法互溶而分離的現象。

位素的研究。隕石同地球上其他岩石，含有各種長半衰期放射性同位素，如鈾 238（$^{238}$U）。透過這些長半衰期同位素，可以得知隕石的形成年齡。以鈣鋁包裹體來說，目前最精確的放射性定年告訴我們，它們是在四十五億六千七百萬年前形成，如果這些鈣鋁包裹體是太陽系最老的固體，那麼這個年齡則是太陽系形成的時間下限。此外，在太陽系形成初期，也存在一些短半衰期放射性元素（半衰期約百萬年），如鋁 26（$^{26}$Al，半衰期七十萬年）、鐵 60（$^{60}$Fe，半衰期一百五十萬年）等。透過隕石了解這些短半衰期核種的存在與其在太陽系形成時的原始豐度，有助於了解太陽系形成時的天文物理環境，也有助於推算太陽系早期許多高溫事件的相對時間。

### 彗星任務——星塵號

2006 年 1 月 15 日，美國洛杉磯時間凌晨兩點，一道人造火球劃過天際，直抵猶他州沙漠，人類史上首次利用世上最輕的固體混合性氣溶膠（aerogel），將彗星塵帶回地球。為什麼要大費周章將這些灰塵從木星軌道附近帶回地球？

太陽系有八大行星和一堆小型天體。前四顆類地行星，都受過或短或長的岩漿分異過程與地質作用，現今結構組成已和形成之初大不相同，對了解太陽系形成幫助不大。後四顆類木行星雖然形成

時間早，但組成成分為氣體，標本收集不易，研究多以太空船探測任務為主，加上這些氣體星球並不能完全反應太陽系最初期成分，所以要改採用固體的樣本。現今多利用隕石中的同位素與礦物組成，來了解太陽系形成時，周遭的天文物理環境與太陽星雲的化學組成。只是隕石大多來自小行星，而小行星本體或多或少受到一些後期的變質作用，如撞擊、水與熱作用等，造成一些最原始的同位素訊號或礦物受到了不同程度的改變，所以即使是所謂最原始的隕石，在某種程度上仍然不夠原始。

　　既然隕石無法完全反應太陽星雲最原始的化學成分，科學家腦筋便動到了彗星上。彗星也被認為是太陽系最初期的產物，可能跟隕石一樣記錄了太陽系最初的成分，更重要的是，彗星被保存在極冷處，從彗星離子尾光譜分析得知，其中保留了有機物與揮發物質，所以彗星的化學成分應該會比隕石更接近太陽。因此，星塵號任務在九〇年代中期開始計畫，1999年2月發射升空，2004年1月穿過 Wild 2 彗星的尾巴收集塵埃，並在 2006 年 1 月返回地球表面。

　　天上彗星無數，為什麼只選 Wild 2 呢？其實很簡單：天時、地利與人和。天時地利指的是，這顆彗星會在適當的時間出現在適當的地點，較容易設計收集塵埃時的太空船路徑與速度。為什麼這很重要？若彗星和太空船遭遇時相對速度太大，塵埃不是受熱揮發就是

直接穿過收集器而無法被帶回地球。因此,星塵號幾乎是追著彗星的尾巴,從後面以每秒六公里的速度,將塵埃「抓進」混合性氣溶膠當中。那人和是什麼呢?當彗星跑進內太陽系受到太陽加熱後,揮發物質會因為高溫而逸失,經多次循環後,彗星的組成就有了改變而不再「新鮮」,便無法還原太陽系最原始的成分。但 Wild 2 彗星在 1974 年之前都是屬於木星族彗星(指近日點在木星軌道附近),之後受木星重力擾動而改變了軌道,近日點內移到火星附近,至今進入內太陽系僅約五次。因此這顆彗星從未因過度靠近太陽而被大量揮發,其化學組成仍是相對原始的。這對於科學家所期待的研究,真是再理想不過了。

從彗星塵被帶回地球,迄今已過三年,作了許多不同的研究,如紅外線光譜分析、有機物分析、礦物學與同位素的分析等;在此主要介紹礦物學與同位素研究中,相當有趣的結果。

星塵號所收集微塵的重要發現之一,是在高溫(絕對溫度1300∼1400K)下形成的礦物,如橄欖石、輝石,與某些在隕石鈣鋁包裹體中會找到的高溫礦物。這讓研究太陽系化學的科學家嚇了一大跳──彗星不是在四十天文單位(AU)外形成的天體嗎?這麼冷的環境中,應以揮發性物質或低溫物質為主,為什麼反而有高溫下才會形成的礦物?小行星和彗星分別在約3AU和40AU以外,何以某

些彗星塵的礦物組成，跟隕石中的鈣鋁包裹體類似？若在這麼大的空間範圍內，找到組成相似的高溫礦物，似乎代表在太陽系早期有大尺度的徑向轉移——從內太陽系到小行星帶，甚至到外太陽系才可能辦到。那這個徑向轉移的物理背景是什麼？為什麼可以把小顆粒從內太陽系高溫處搬到3AU甚至更遠的40AU以外？這些有趣的問題，都亟待進一步的研究。

　　此外，科學家分析了彗星塵的氫、碳、氮與氧的同位素組成，在此介紹筆者認為最重要且和前段相呼應的結果：氧同位素。

　　氧是類地行星中最豐富的元素，有三個穩定同位素$^{16}O$、$^{17}O$ 與$^{18}O$。類地行星（含小行星）彼此間的平均氧同位素成分有些微差異（0.1～0.2%），所以氧同位素成分基本上可作為固體行星的指紋。若把規模放到只有幾個毫米大小的隕石鈣鋁包裹體上，則會發現不同礦物亦有著不同的$^{16}O$ 豐度，彼此間的差異可達 5%！星塵號數顆微塵在經初步分析後，某顆與隕石鈣鋁包裹體有著相似礦物組合的塵埃，居然亦有相同的氧同位素成分！這更讓科學家相信，彗星中的某些小微塵，和隕石中的部分礦物顆粒相同。這和前面所寫的相互呼應，太陽系早期必須存在大尺度的徑向轉移，從內太陽系到小行星帶再到古柏帶外，才可能發生在彗星塵中觀察到的巧合。對這些發現最感到振奮的莫過於前清大徐暇生校長、中研院李太楓老

師、尚賢老師等人。他們的 X-wind 模型，為礦物學與同位素上的巧合，提供了一個物理背景。這些高溫顆粒形成在吸積盤的端點，非常靠近原始太陽（～0.05AU），後來太陽磁場與吸積盤面交互作用，產生兩極噴流和盤面上一股強力的「風」，將這些高溫礦物帶離到小行星帶，甚至更遠的古柏帶，再和其他物質堆積形成小行星或是彗星。雖說此模型只是眾多可能性之一，卻說明了隕石、彗星與天文物理的相結合，的確能讓我們對四十五億年前的歷史事件，有更清晰的輪廓。

## 結　語

　　藉隕石和彗星中微小的礦物與同位素成分，追溯四十五億年前太陽系形成歷史，猶如玩一幅上萬片的拼圖，每個研究相當於一塊塊碎片，距離了解整個大的圖像，仍有相當長的路要走。但換個角度來看，這也正是有趣之處——見微知著，就是這個道理。

（本文圖片皆由 Denton Ebel 提供）

（2009 年 6 月號）

# 冥王星是怎麼被幹掉的？

◎—黃相輔

自由科普撰稿人

矮行星鬩神星的發現者布朗教授，於去年年底訪問臺灣。本文即為對布朗的採訪，述說當年的發現歷程及對行星新定義的看法。

2006 年 8 月 24 日下午，捷克布拉格國際會議中心（Prague Congress Centre）的大廳內，四百多位天文學家在此聚集表決冥王星的命運，他們即將敲下的槌音，注定會迴盪在整個太陽系。

這是國際天文聯合會（International Astronomical Union, IAU）第二十六屆會員大會議程的最後一天。大部分與會的人員為了種種私人因素，在這場表決前就早退了，此次大會的二千四百多位註冊者最後僅有四百二十四人出席這場決議。在此表決前的一星期內，決議草案已被大會負責的委員們爭辯過無數次，最後端上檯面的已是第三版的修正案，可見爭議之激烈。

草案表決的結果是二百三十七票贊成、一百五十七票反對、三十票棄權。依照所通過的行星新定義（表一），宣告冥王星正式被

**表一：國際天文聯合會 2006 年 8 月制定的太陽系天體定義。**

由此表可知，大小、質量、是否擁有衛星，都不是認可為行星的決定條件

| 分類 | 定義 | 實例 |
|------|------|------|
| 行星 | (a)繞太陽公轉<br>(b)擁有足夠質量維持本身重力場，使呈現靜力平衡下的近乎球狀<br>(c)足以將軌道周圍物體清除 | 「八大行星」：水星、金星、地球、火星、木星、土星、天王星、海王星 |
| 矮行星 | (a)繞太陽公轉<br>(b)擁有足夠質量維持本身重力場，使呈現靜力平衡下的近乎球狀<br>(c)並不足以將軌道周圍物體清除<br>(d)不是衛星 | 目前共有五顆矮行星獲 IAU 認證：穀神星、冥王星、哈烏美雅、馬基馬基、鬩神星 |
| 太陽系小天體 | 所有上述條件之外，並且不是衛星的天體 | 包括各類小行星、彗星、古柏帶天體等 |

逐出太陽系行星的行列！消息傳出，撼動的不只是天文學界，更包括驚愕好奇的普羅大眾。畢竟「九大行星」這個響亮的名詞，自 1930 年冥王星被發現以來，已被人們朗朗上口了超過一甲子的歲月。然而這個決定轉眼間也過了三年，三年後的今天，冥王星依然在太陽系的邊緣環繞，卻已不再是人們口中的行星了。

　　冥王星的行星地位早就是科學界長年以來的爭議。和其他鄰近的氣體巨人，如海王星、天王星相較，冥王星顯得十分格格不入：它非常迷你、沒有厚實的氣態表面，而且繞日的軌跡還古怪得離經叛道。天文學家一直傷腦筋於該如何解釋它特立獨行的個性。長久以來，冥王星一直無法被確實歸屬於太陽系行星的兩大族群，即岩

質的類地行星與氣態的類木行星。這樣懸而未決的爭議角色，直到 1990 年代後，隨著許多尺寸在直徑數百公里以上的古柏帶天體（Kuiper Belt Objects, KBO）在海王星外的位置陸續被發現，人們開始體認到在此區域，冥王星並不像一般行星一樣扮演獨特的主宰角色。

尤其在 2000 年後，大型海王星外天體如夸瓦（Quaoar）、塞德娜（Sedna）的發現，使得冥王星的行星地位越來越顯得岌岌可危，因為它們的大小逼近了冥王星，軌道也具有類似的怪異特質。剎時間，冥王星增加許多和它「氣味相投」的鄰居，海王星外的古柏帶區域變得熱鬧無比。

壓垮冥王星地位的最後一顆海王星外天體，終於在 2005 年現身。美國加州理工學院天文學家布朗（Michael E. Brown）所領導的團隊，利用帕洛瑪天文臺 （Palomar Observatory）口徑 1.2 公尺的望遠鏡拍攝巡天影像，在 2005 年 1 月發現了鬩神星（Eris）。這項結果於同年 7 月 29 日公諸於世，立刻成了一年後布拉格「行星大審」的導火線：因為鬩神星不論是大小、質量都略勝冥王星一籌，這下子，天文學界龍頭的國際天文聯合會再也不能坐視爭議的嚴重性了。

一年後，在一片爭議聲中，冥王星被拉下了盤踞多年的行星寶座，而被劃歸於新制定的「矮行星」（dwarf planet）分類。這場爭

論至今仍餘波盪漾，不服判決而等著幫冥王星平反的人依然比比皆是。

　　「摧毀」冥王星的推手麥可・布朗，曾於 2008 年底訪問臺灣，並以「我是如何幹掉冥王星，以及它為什麼該死」（How I killed Pluto and why it had it coming）為主題在中央大學演講。本文即為該場講座的整理及採訪，由發現者親自娓娓道來歷史性的一刻。

## 「我剛找到顆行星！」

　　在許多科學大發現的故事中，往往除了主角的努力加實力之外，機運也占了很重要的一部分。鬩神星的發現就是一樁從資源回收桶撿回寶的最佳例子。

　　時間回到 2005 年 1 月 5 日。布朗正用電腦進行資料分析，所處理的資料並不是昨夜拍攝的最新影像，而是一年半前的舊資料。最早在分析這批影像時，電腦程式是設定影像中若有移動速率大於每小時 1.5 角秒的物體，才會啟動「警報」提醒。角秒是天文上用以量度視距離的角度單位。一角秒等於一度的三千六百分之一，而月球的視直徑約半度左右，由此可知這樣的移動速率是多麼緩慢。

　　當塞德娜於 2004 年被發現時，它的視運動速率也不過每小時 1.75 角秒，可說就剛好落在門檻之上。這一次，布朗團隊心血來

潮，想用更低的篩選門檻將這批分析過的舊資料重新檢視，看能不能從中找到些漏網之魚。

　　美國西岸時間上午 11 時 20 分，電腦有不尋常的反應。布朗教授仔細查看這系列的影像，立刻明白挖到寶了——因為他們找到的東西又慢又亮（圖一）。

　　我們知道，操場外圈跑道的運動員總是比最內圈的跑者吃力；同理，近地小行星（Near-Earth asteroids）投影在天空中的視運動速率，絕對比更遙遠的海王星外天體快許多，因此由視運動速率可以大略判斷太陽系天體的遠近。這位新朋友既然速度這麼慢，距離肯定也是驚人的遠，絕對是位在海王星之外。至於亮度，這顆天體當時的視星等約有十八等，如此遙遠的目標還有這麼高的亮度（在目前已知的古柏帶天體中亮度排名第四），可見來頭不小。

　　這顆新天體初發現時的暫訂編號為 2003 $UB_{313}$，布朗團隊給它的

圖一：布朗團隊最初發現鬩神星的影像，由帕洛瑪天文台於 2003 年 10 月 21 日夜晚所拍攝。這三張照片彼此間隔一小時半，被標記的亮點即為鬩神星。

綽號「席娜」（Xena）一度成為網路及媒體間流行的名字，直到2006 年 9 月才由國際天文聯合會拍板定案現行的正式名稱。

發現了新天體的蹤影後，下一步是進行後續觀測來確認它的細節。布朗很快地聯絡了其他天文學者，利用歐洲毫米波電波天文研究所（Institut de Radioastronomie Millimétrique, IRAM）的 30 米電波望遠鏡、美國航太總署的哈柏太空望遠鏡 等設施進行觀測。

一般大眾可能會對哈柏望遠鏡拍攝的鬩神星影像大失所望（圖二），因為照片中這個東西看起來實在毫不起眼，但讀者需謹記，鬩神星距我們實在太遠了，因此你不能期待從地球拍到的照片會像藝術家的想像圖一樣美侖美奐。

利用這些大型望遠鏡觀測，最主要是要測定新天體的大小。太

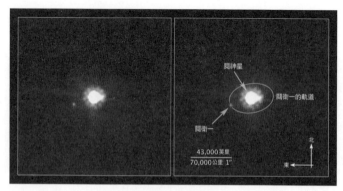

圖二：哈柏太空望遠鏡在 2006 年 8 月 30 日拍攝到的鬩神星影像，可一併看到其身旁的小衛星。

陽系中除了太陽本身，其他天體都靠反射日光而得以「被看見」。即使有兩顆相同距離、亮度一樣的物體，它們還是可能截然不同：也許其中一物尺寸大，雖然可反射日光的截面積大，但表面卻很暗而使得反照率（albedo）低；另一物或許尺寸小，表面卻可反射大量陽光，而顯得較為明亮。凡此林林總總的特質，對我們了解太陽系中各天體的表面或大氣組成，相當重要，因此天文學家亟欲確定這些物理參數。

據哈柏望遠鏡的測量，鬩神星的大小約為直徑 2400 公里，稍微比冥王星大 5%，這也使它躍居為已知最大的海王星外天體。藉由確實的尺寸加上距離，天文學家也得以研判鬩神星的反照率高於冥王星，表面是由較亮的物質所構成。2005 年 9 月，布朗團隊利用夏威夷的凱克天文臺（Keck Observatory）10 米望遠鏡，進行後續的觀測，又發現了它擁有一顆小衛星「鬩衛一」（Dysnomia）。這項發現讓科學家得以計算鬩神星的質量，大約比冥王星大四分之一倍。

雖然布朗團隊早在 2005 年 1 月即確認新天體的存在，但他們為了得到更詳盡的研究數據，還是拖遲到半年後始對外發表。2005 年 12 月，由布朗、雙子星天文臺（Gemini Observatory）的楚吉洛 （C. A. Trujillo）及耶魯大學的拉比諾維茨（D. L. Rabinowitz）聯名的首篇論文，正式被刊載於《天文物理學報》（The Astrophysical Journal）。

## 「世界不因此改變」

那麼，布朗又是如何看待這項發現及布拉格行星大審呢？

布朗指出，一般大眾普遍的誤解是以為：2006 年在布拉格是針對冥王星的公審。事實上，與其說是針對冥王星，不如說是「對布朗的『行星』進行的表決」（Vote for Brown's "planet"）。因為鬩神星超越冥王星成為古柏帶最大天體的事實，使得國際天文聯合會在此議題上不能再繼續曖昧，必須抉擇：究竟該讓它（或其他非行星的大型太陽系天體）升格為行星，或是明白定義它不是行星？

如果後者成立，那比鬩神星在尺寸、質量皆小的冥王星，自然就難以繼續保持行星的地位了；反之，若前者成立，則太陽系家族中的穀神星（Ceres，小行星帶的最大天體）、夏隆（Charon，冥王星的大衛星，直徑約為其一半）等天體也許會一併晉升為行星，如此一來太陽系將不只有「九大行星」，其數量可能攀升。

行星的定義原本即充滿了人為的色彩，尤其隨著科技進步，近年來更不斷受到一些在門檻邊緣「遊走」的天體挑戰。也許宇宙本來就不是非黑即白，在其間充斥著無視人為分界的灰色地帶。即使是最新通過的方案，新增了矮行星的分類，也難拋開所有的爭議。布朗教授表示，假設將來在海王星外發現一顆被歸類為矮行星的新

天體，大小卻比身為行星的水星還大的話——比行星還大的「矮」行星，難道不會掀起新的爭議嗎？因此，布朗說，與其去注意這種刀筆之爭，不如去關心類地行星、類木行星等實質上有顯著物理差異的分類來得有意義。

　　布朗也坦言，其實「世界不因此改變」，他們的「大發現」對太陽系本身毫無影響（"It makes no difference for the solar system. Nothing changes."）。他在演講中也秀出一張標示太陽系內各天體實際比例的投影片。的確，多出來的那一「小點」鬩神星，對巨大的木星、土星及地球而言，實在微不足道！

## 預約新疆域

　　從鬩神星被發現、引發軒然大波，至今餘波盪漾的歷程，實為科學史上一個鮮明的故事。

　　鬩神星現行的官方名字，來自希臘神話中引發爭執與不和的女神厄利絲（Eris）。這位女神因未被受邀至奧林帕斯山的宴會，挾怨丟了一顆引起爭端的金蘋果至會場，揭開了特洛伊戰爭的序幕。而荻絲諾米亞（Dysnomia）則是厄利絲象徵「違法犯禁」的女兒。當初國際天文聯合會要求布朗團隊提出正式命名的方案，布朗教授也思考良久才決定此名。現在看來，它的確為天文學界帶來了一場空

前衝突,可謂「星」如其名。在中文世界裡,則於 2007 年 6 月在揚州舉行的天文學名詞審定會議上,由中國大陸及臺灣的二十一位代表決定採用意譯「鬩神星」為正式名稱,以彰顯其對科學界帶來的衝擊。

　　除了鬩神星以外,海王星外的空間裡還有許多大型的天體(圖三)。如軌道特別扁長、距太陽最遠約九百七十五天文單位(即將近地球至太陽距離的一千倍)的塞德娜,名稱源自因努伊特(In-uit,愛斯基摩人的一支)神話中的海洋女神,是目前太陽系中已知最遙遠的冰封世界。

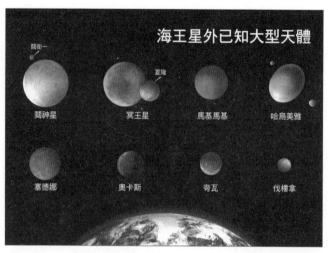

圖三:目前已知的幾顆大型海王星外天體示意圖。最下方為地球,可以看出它們之間的比例。

另外還有長得最古怪的哈烏美雅（Haumea），得名於夏威夷的豐饒及生育女神。國際天文聯合會甫於 2008 年 9 月通過哈烏美雅的正式名稱，在此之前，文獻上較通用的芳名是其暫訂編號 2003EL61。哈烏美雅的古怪，在於它長得像橄欖球般的橢圓外表，以及急速的自轉。哈烏美雅只需四小時便自轉一周；換句話說，在哈烏美雅上四小時就過完了一天。這麼高速的自轉及怪異的外表，可能肇因於遠古前的一次大撞擊，將哈烏美雅碎裂成數塊，而中央的核心便演變成我們今日看到的橄欖球。

　　將來我們會不會在海王星以外發現更多有趣的天體？答案絕對是肯定的。許多國際合作研究，包括中央大學天文研究所正參與的泛星計畫（Pan-STARRS）及中美掩星計畫（Taiwan-America Occultation Survey, TAOS），都致力於搜尋更廣闊深遠的未知天空。布朗也提醒，目前國際上對於南天球的巡天觀測還很少，不若北天球密集，因此是值得開發的新領域。

（致謝：本次採訪承蒙中央大學天文研究所支援，尤其是陳文屏教授的一手促成，另外還有麥可‧布朗教授的慷慨應允，作者在此向他們致謝。）

### 人物特寫：麥可・布朗

當「時代雜誌百大影響人物」加上「《連線雜誌》（Wired Magazine）網路票選十大最性感怪傑（geek）」，會是什麼樣的奇人異士？麥可・布朗看起來一點都不像如此三頭六臂的人物。布朗在天文學界裡算是相當年輕的青壯輩。1994 年自加州柏克萊大學取得天文學博士學位後，先後在亞利桑那大學（University of Arizona） 及加州理工學院進行博士後研究，並於1997 年起在加州理工學院擔任教職。

雖然還不到四十五歲，布朗已有多項榮耀加身。2001 年，他便獲得美國天文學會（American Astronomical Society）的尤里獎（Urey Prize），此獎項專門頒發給在行星科學領域有傑出貢獻的年輕天文學家。除了研究，教學方面布朗教授亦不惶多讓，他於2007 年獲加州理工學院象徵最高教學榮譽的費曼獎（Richard P. Feynman Prize）。當然，更別提 2006 年同時得到「百大影響人物」及「十大性感怪傑」，在天文學界可說前無古人的頭銜。後者這項奇特的殊榮，據說讓布朗太太每回一提到便笑翻了。

身為鬩神星的發現者，布朗掀起天文學界至今仍未平息的爭論，改寫了人們對於太陽系的認知。至 2008 年 12 月為止，他和他的團隊已發現了十四顆海王星外天體，包括知名的夸瓦、塞德娜和鬩神星。目前布朗除了搜尋新目標的巡天觀測外，也致力於海王星外天體的光譜研究，期望能進一步了解這些遙遠天體表面的物理、化學性質。

　　布朗說，他當初在大學時主修物理而非天文（和臺灣不同，美國的天文系所通常設有大學部），是因為想「容易找到工作」，但後來研究所時因興趣一頭栽入天文的世界。雖然他出身自物理系的背景，但現在在加州理工學院為了行星科學教學需要，也得親自披掛上陣開設地質學入門的課程。他的研究生亦來自不同科系背景，包括物理、地球科學等領域。

　　布朗在訪問中表示，他之前尚未有與臺灣天文學界交流的經驗，但筆者相信，憑臺灣天文研究機構近幾年持續參與大型國際計畫的努力，國內學者必有機會再與布朗切磋。

（2009 年 8 月號）

# 臺灣之光
## ——從鹿林看鹿林彗星

◎─林宏欽

中央大學天文所鹿林天文臺臺長

第一顆由臺灣所發現的彗星，終於在今年來到我們面前。鮮綠色的鹿林彗星，象徵著臺灣的驕傲，是 2009 全球天文年的矚目焦點。

2009 年為「全球天文年」，是為了紀念四百年前的 1609 年，伽利略首次使用望遠鏡，進行天文觀測。最佳的慶祝活動，莫過於撼動人心的特殊天象，而鹿林彗星恰好躬逢其盛。自 2007 年 7 月發現鹿林彗星以來，她從距離地球八‧五億公里之遙，逼近到如今的六千一百萬公里，星等從十九等增亮到五等，從一個微暗幽冥的小光點，逐漸變成帶著奇特彗尾的綠色彗星，亮度增加了四十萬倍，在天文年一開始就受到全球的注目，在媒體推波助瀾下，彷彿一夕之間大家都知道了「鹿林」的存在，知道這是顆臺灣發現的彗星！

## 命名的曲折

鹿林彗星是在 2007 年 7 月 11 日由鹿林巡天計畫 （Lulin Sky Survey, LUSS） 的林啟生（中央大學天文所）與葉泉志（中國廣州中山大學），共同使用鹿林天文臺 41 公分望遠鏡所發現的。國際慣例上，是

鹿林彗星因含有大量氰（CN）及分子碳（$C_2$）氣體，反射陽光顏色呈鮮綠。左方為塵埃尾，不規則狀的離子尾則位在彗核的右方，朝向太陽的反方向。

以發現者的名字為彗星命名，但為何不叫「葉林」或「林葉」彗星，而命名為「鹿林」，其實是有著一番曲折！

2006年的2月，筆者請中國大陸「晴天鐘」網站（天文用途之數值天氣預測系統）的主人葉泉志，幫忙協助預測鹿林天文臺的夜晚天氣。葉答應幫忙外，提出了合作搜索小行星的可能性，剛好筆者也有相同想法，一拍即合，鹿林巡天計畫於是問世。鹿林巡天計畫自 2006 年 3 月以來，陸續發現數百顆小行星，期間雖然幾度獨立發現近地小行星和彗星，但終究遲了人家一步，不過是空歡喜一場。

2007 年 7 月 11 日，觀測到兩個軌道很特別的新天體（不屬於小行星帶），其中之一發現時，位在寶瓶座，亮度僅十九等，軌道位

在木星與土星之間，疑似一彗星，但由於當時尚看不出有彗星的特徵「彗髮」，所以與另一個天體皆以小行星回報到國際小行星中心（Minor Planet Center, MPC）。後續的更多觀測與驗證工作，確立了此一發現，但仍然未能確認此天體是否應歸類於彗星。

2007 年 7 月 14 日，美國天文學家楊（James Young）用桌山天文臺（Table Mountain Observatory）的 61 公分望遠鏡觀測這個目標時，發現了彗星特徵，於是這顆小行星一躍成為彗星。因為最初我們發現時，是以小行星上報，事後卻由他人證實為一顆彗星，國際天文聯合會（IAU）遂以發現的天文臺命名，稱之為「鹿林（Lulin）」。

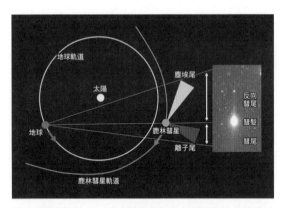

從地球看鹿林彗星，反向彗尾是伸展在彗星軌道上的塵埃尾；離子尾受到太陽風磁場的影響，朝太陽反方向。

按其身為非週期彗星、且為 2007 年 7 月上半發現的第三顆新彗星的緣故，將其編號為 C ／ 2007 N3。鹿林彗星不但是臺灣本土所發現的第一顆彗星，也是唯一海峽兩岸合作發現的彗星，所以國際上都稱呼她「Comet of Co-operation」。

## 鹿林彗星的軌道與週期

彗星軌道可分為拋物線、橢圓及雙曲線，只有具橢圓軌道的彗星才會繞太陽運行、週期性地出現。那麼鹿林彗星是屬於哪一種？自發現以來，隨著觀測次數的增加，鹿林彗星的軌道也一直在修正。

目前，推算鹿林彗星的軌道非常接近拋物線（離心率＝1.000188），所以計算起來週期極長，繞太陽公轉一圈需數千萬年之久！此一拋物線軌道特性，顯示她是來自太陽系外圍、歐特雲區的彗星，並且很可能是第一次繞行到太陽系內部。因為目前能觀察到的只有其極長軌道中接近太陽的小部分，當她遠離內太陽系時，還會受很多其他的天體引力影響，所以無法確切知道回歸週期。

在最新修訂的彗星命名規則裡，週期性彗星的定義為週期小於二百年，或有不只一次通過近日點確認的彗星；而像鹿林彗星這種週期遠超過二百年，下次通過近日點時人類未必還存在，所以歸類為非週期彗星（前面加「Ｃ／」）；因軌道非常接近拋物線，預測這是鹿林彗星第一次也是最後一次造訪太陽系和地球！

### 反向彗尾

鹿林彗星發現時只是個小光點，後來才慢慢長出短短的彗髮，形成橢球狀。隨著接近太陽而逐漸變大變亮，尾巴也慢慢長了出來。但和一般拖著長長尾巴飛掠夜空的彗星不同，鹿林彗星的兩條彗尾像是翅膀一樣分布在彗核兩側，形成罕見的反向彗尾景觀，而且持續了很長的時間。

由於鹿林彗星運行的軌道幾乎和黃道面一致（夾角只差 1.6 度），所以兩條尾巴都在黃道面上。塵埃尾拖曳在彗星行進方向的後方；另一條被太陽風所吹出的離子尾，則指向太陽的反方向。兩條彗尾出現在兩個完全相反的兩個方向，所以就會看到頭一般的彗髮，和一左一右兩條張開的手臂（也就是彗尾與反向彗尾）。

鹿林彗星最接近地球時所拍攝。這張在鹿林天文臺拍攝的影像，涵蓋了大約 2.5 度的天區。鹿林彗星宛若一支疾速升空中的火箭，反向彗尾（塵埃尾）朝向左上方；右下方是朝太陽反方向的離子尾，呈現複雜的分叉開花現象。

除了少見的反向彗尾，鹿林彗星的離子尾有明顯纏繞的結構，甚至出現斷尾現象，這是因為由帶電

粒子形成的離子尾，受太陽風磁場拉扯、變化，讓彗星的物質大量散布到太空中，加上從地球看彗星的視角一直變動，鹿林彗星的彗尾總是變化多端、千姿百態。

## 鹿林天文臺

　　發現鹿林彗星的鹿林天文臺，位於玉山國家公園塔塔加地區的鹿林前山，海拔 2862 公尺，是臺灣本土最重要的光學天文研究基地。鹿林臺址位於臺灣中部，受東北季風、西南氣流及颱風的影響較小；加上地處高山，透明度及天空條件均佳。1990 年中央大學開始選址的工作，1999 年在鹿林建成第一座天文臺，當時沒水沒電，人員無法常駐。2001 年完成水電等基礎建設，2002 年建置了目前臺灣最大的 1 米望遠鏡。

　　在臺灣近百年來的天文發展史上，鹿林天文臺締造了許多首度發現的紀錄，包括首度發現小行星、超新星、彗星、近地小行星以及首度為小行星永久命名。鹿林天文臺的研究工作，在於應用小型望遠鏡和臺灣觀測條件優勢。因為小型望遠鏡的運作及時間分配，比中大型望遠鏡更具彈性，而臺灣緯度接近赤道，經度上與國際各主要天文臺相輔，因此可以集中注意力在南天目標，也可以針對瞬間爆發的天文現象（如超新星及伽瑪射線爆），與國際上各大天文

臺合作協力觀測。

　　鹿林天文臺目前主要的研究設施有鹿林1米望遠鏡、四座中美掩星計畫（TAOS）的0.5米超廣角望遠鏡、0.4米鹿林巡天望遠鏡、臺灣大學鹿林發射線巡天觀測站。此外，鹿林天文臺做為一個科學基地，還擔任支持其他科學領域的角色，如成功大學的紅色精靈地面觀測與極低頻無線電波偵測系統、中央大學太空科學研究所的氣暉全天相機，以及環保署鹿林山空氣品質背景測站，都設置在鹿林天文臺基地，進行大氣、太空相關的研究計畫。

## 鹿林巡天計畫

　　臺灣於小行星的探索與發現，始於2002年11月25日，中央大學天文所學生張智威與陳秋雯，使用鹿林1米望遠鏡觀測編號4708號小行星時，意外觀察到未曾發現的小行星，暫定編號為2002 WT18，成為臺灣發現的第一顆小行星。但真正有計畫的觀測，始於2006年3月啟動的「鹿林巡天計畫」，由中央大學天文所鹿林天文臺，與中國廣州中山大學葉泉志合作，利用鹿林天文臺41公分望遠鏡進行的小天體巡天觀測計畫。目前的成績有：一顆彗星（鹿林彗星，C／2007 N3）、一顆近地小行星（2007 NL1）以及約八百顆小行星（四十六顆已取得國際永久編號），已命名的有：中大、鹿林、嘉義、

鄭崇華、溫世仁、鄒族、南投、穗七中、蘇東坡、汶川、錢鍾書等十一顆小行星。

## 鹿林 2 米望遠鏡計畫與泛星計畫

中央大學的鹿林 2 米望遠鏡計畫，於 2006 年啟動，預定 2011 年完成，將成為東亞最大的望遠鏡之一，搭配高感度可見光多波段同步成像儀，將提升鹿林天文臺十倍的觀測能力，可觀測銀河系外數十億光年的遙遠天體。

在國際合作上，中央大學與德、英等國研究機構，共同參與美國夏威夷大學推動的下一世代巡天「泛星計畫」（The Panoramic Survey Telescope and Rapid Response System, Pan-STARRS），目的為全面地搜尋及發現太空中對地球有潛在威脅的近地天體，規模相當於目前所有巡天計畫的百倍。鹿林 2 米望遠鏡將針對「泛星計畫」發現的重要天體進行第一手的觀測。預期鹿林 2 米望遠鏡的完成，將可建立臺灣完整自主的光學觀測能力，提升天文研究國際地位。

## 結　語

古代彗星是不祥的象徵，現代找彗星是全世界在競爭。國際上彗星以發現者命名，然能夠發現者可說是萬中無一。臺灣有史以來

發現的第一顆彗星，叫做「鹿林」。

　　鹿林，一個傳說中群鹿如林的地方，如今鹿群不見了，小小的山頭上矗立著許多的望遠鏡，這裡是中央大學鹿林天文臺的所在。全世界的天文臺幾乎都有道路，鹿林天文臺是世上少數沒有路的天文臺，車子到不了，任誰都得邊走邊爬上來，建設之困難可想而知。這個沒有鹿也沒有路的天文臺，發現了臺灣第一顆彗星。

　　尋找彗星是跟全世界在競賽，平均每一萬個新發現的移動天體（小行星）裡只有一顆是彗星，機率只有萬分之一；同樣地，尋找彗星也是跟時間在賽跑，唯有堅持到底方能有所獲。望遠鏡能夠看到的天空只有約月亮大小，用這月亮大小的視場逐一掃瞄整個天空，稱為巡天，巡天就是要從這無數的星星中找出特殊的天體，這是一種大海撈針的工作。跟世界上幾個大型巡天計畫相比，鹿林巡天只是千百分之一，想要以小搏大，就必須策略正

鹿林天文臺位於海拔 2862 公尺，山頭上矗立著許多大大小小的天文臺。右後方八角圓頂建築為 1 米望遠鏡天文臺；左前方為鹿林 2 米望遠鏡天文臺的 3D 電腦繪圖，預定 2011 年完成，將成為東亞最大的望遠鏡之一。

確，並持之以恆。

　　鹿林天文臺正是這種策略下的產物，第一個十年，從無到有，完成了基礎建設；第二個十年，從 1 米到 2 米，布局全球。即將在2011年完成的鹿林2米望遠鏡，將使臺灣晉身望遠鏡之國際水準，加上與夏威夷大學策略結盟共同推動的下一世代巡天—泛星計畫（Pan-SATRRS），臺灣未來的天文研究將有另一番新天地。

（2009 年 4 月號）

# 引人追尋的飛舞彩光
## ——橫跨三世紀的極光研究

◎—呂凌霄

任教中央大學太空科學所

美麗的極光令人絢惑，極光現象從古至今一直吸引著人們去探索。
讓時光倒退到三百年前，看看科學家對極光研究的開始與經過；也看過去五
十年來，我們對極光的認識增進了幾分。

五十年前，大約是二次世界大戰結束後的十年，百廢待舉，正
值冷戰年代，也是一個充滿希望的年代。在二次世界大戰時
期，人們已經知道，地表上空約 100 公里處，有一層良導體可以反射
某些波長的電磁波。科學家把天上這層良導體稱作電離層
（ionosphere）。我們的大地也是一個良導體，因此電源接地可以獲
得穩定的零電位參考值。二次世界大戰的年代，人們就是利用特定
波長的電磁波（短波、微波），可以在電離層與大地之間來回反
射，以進行越洋通訊。

是什麼樣的成分使電離層成為良導體呢？原來，這個區域的大

氣濃度很低，所以當它吸收了來自太陽的紫外光與 X 光，並進行光化游離（photoionization）後，不會馬上發生碰撞而重新結合成中性的氣體。所以，只要光化游離的速率大於等於重新結合的速率，就可以維持一定的游離度。這些游離的氣體，又叫做電漿（plasma），是一種良好的導體，只要加一點電場，就可以產生很大的電流。電離層白天被太陽光照射，氣體游離率很高，因此涵蓋的天空範圍很廣，電離層的範圍可以降低到地表上空七、八十公里。到了晚上，因為缺乏陽光的照射，就必須仰賴超低的重新結合率，才能維持一定的游離度。因此電離層的高度，就退縮到約100公里的高空。我們要談的極光，就是發生在這 100 公里到數百公里高空的發光現象。

以定性而言，極光大致可分為兩類：一種是在水平方向、瀰漫一片的擴散極光（diffuse aurora）；另一種是垂直方向，一片片像簾幕似的、掛在高空的分立極光弧（discrete aurora）。由於絢麗的極光（圖一）通常指的是分立極光弧，本文的重點也將放在極光弧的相關研究上。

## 極光不是一種雲！

從古至今不少人都天真地以為，極光是天上的一種彩雲。其實早在一百多年前，科學家就已經能藉著三角測量法，測量到極光弧

圖一：地面上所見的分立極光弧如幕簾般掛在高緯區的夜空中。圖中構成幕簾的直線光束與地球磁場線方向一致。

底部的高度，距離地面約有100公里，寬度由1公里到10公里不等。也許，1公里聽起來很寬，可是將1公里寬的結構放到視線的100公里之外，張角才不到一度；所以1公里寬的極光，從地面上看起來幾乎就像紙一般薄！對於如此薄的結構，三角測量的誤差自然很大；在過去十多年來，科學家透過火箭實地觀測結果，已經發現一些非常薄的極光弧，其厚度大約只有100公尺左右。由於極光弧底部的高度有100公里，因此可以確定它們不是雲彩。因為一般的雲，最高約10～15公里，也就是在對流層頂的高度。

不過，極區確實存在一種異常的高空雲，叫做夜光雲（noctilucent cloud）。夜光雲距地面的高度可達 90 公里，因此可以反射遠方（相對於地面觀測者為地平線下方）的陽光，而呈現出夜光雲的現象。至於，為何水氣可以跑到這麼高的高空？五十年前的科學家並不太清楚答案是什麼。不過現在的科學家，透過各種雷達的觀測，逐漸了解組成夜光雲的水氣，並不是來自地表，而是來自外太空流星所含的水氣。這些水氣在流星燃燒時被釋放出來，最初也是呈現高溫的游離態。當它們沿著地球磁場線，沉降到高緯地區較低的高度時，會凝結成冰晶、變成夜光雲。這也就是為什麼，夜光雲多發生在高緯度地區的上空。

除了高度的問題外，另外還有至少三個原因，讓研究極光的科學家肯定極光不是雲彩，也不是反射太陽光的冰晶結構。原因之一，極光弧有時活動速度之快，我們很難找出一個合理的物理機制，能解釋為什麼在這個高度的中性物質，可以進行如此快速的移動。原因之二，因為科學家在極光下方的地表，測量到劇烈的地磁擾動現象，因此科學家相信，極光是一種與電流有關的物理現象。因為除了磁鐵之外，電流也是物理上一種能產生磁場的來源。原因之三，是因為反射與折射太陽光的光譜，應該是連續光譜，可是極光的光譜卻不是，因此更可以確定極光不是雲彩。

## 逐步揭開極光現象

如果說，極光不是雲，那麼極光究竟是什麼樣的物理現象呢？

## 哈雷慧眼識極光

將近三百年前，也就是在太陽黑子的芒得極小期（Maunder minimum，約 1645～1700 年）結束後不久，西元 1716 年的一次強烈太陽活動，引發了大範圍且劇烈的極光。當時著名的英國天文物理學家 Edmond Halley（1656～1742），也就是發現彗星週期運動的著名科學家哈雷，以六十歲的年紀初次目睹漂亮的極光秀。由於哈雷也是當時少數幾位研究地球磁場的專家，他也就成為歷史上首次發現「極光簾幕是沿著地球磁場線的方向下垂排列」的科學家。相較之下，當時另一位法國學者因為缺乏對地球磁場的知識，因此認為極光是那些造成黃道光的物質，被地球重力吸引而下墜燃燒，所造成的發光現象。可見要了解一種物理現象，背景知識是非常重要的。

哈雷之後，隨著科學界對電與磁的認識越來越豐富，美國物理學家富蘭克林（Benjamin Franklin, 1706～1790）、與挪威物理學家柏克蘭（Kristian Birkeland, 1867～1917）等人都提出許多理論，認為極

光與電或放電現象有關。柏克蘭在挪威北部建立了地磁觀測網，他曾多次前往蒐集資料，觀測極光下方的地球磁場擾動情形，並證實強烈極光處的電流會沿著磁場線向上流動。他也發現沿著極光弧水平方向流動的電流強度估計可達一百萬安培。柏克蘭對極光地區地磁擾動的辛苦觀測結果，對日後極光的研究，造成深遠的影響；為了紀念他的貢獻，太空科學界就把沿著磁場線方向流動的電流，稱為 Birkeland 電流。

## 震驚科學界的放電實驗

十九世紀末到二十世紀初，近代物理蓬勃發展。陰極射線實驗與湯姆生的實驗所發現的電子，為柏克蘭提供了靈感，並成功地在 1907 年設計出一個令當時的科學界大為震驚的放電實驗──柏克蘭將一個具有磁性的球體，放入一個低氣體密度的真空腔中，進行陰極射線放電實驗。也就是外加一個強電壓，讓電子由陰極打向陽極，並撞擊低密度的氣體、使之發光。柏克蘭的實驗，能在磁極四周製造出一個近似圓圈狀的發光區，成功地解釋極光帶（auroral zone）的分布情形。什麼是極光帶呢？原來極光帶是十九世紀中葉，科學家經過幾次極區探險的活動後，發現極光出現的頻率並不會隨著緯度增加而增高。統計結果顯示，極光出現頻率最高的區

域，大致是一個以南北地磁極為中心，距離磁極約 20～27 度左右的圓圈型帶狀區域——這就是所謂的極光帶。

## 夜側極光驗明正身

柏克蘭的極光實驗所呈現的圓圈狀放電區，曾造成科學界對極光空間分布的長期誤解，直到五十多年後，才由 Akasofu 博士靠著許多次飛機巡迴、配合地面觀測網，在晴朗無雲的夜晚持續觀測後，終於證實絢麗的極光主要分布在夜半球，至於日側極光的強度則相對較弱。二十多年後，人造衛星的觀測也證實了 Akasofu 博士當年的觀測結果是正確的（圖二）。人造衛星甚至觀測到一種連接日夜半球的跨極極光弧（圖三），以及出現在下午區域的亮點極光（圖四）。這些極光現象，都不是簡

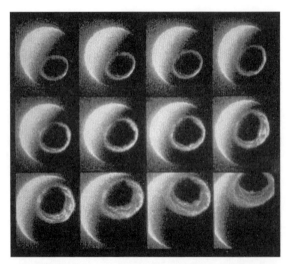

圖二：磁層副暴發生時，Dynamics Explorer 1 人造衛星利用紫外光，拍攝大尺度極光結構變化情形。圖中左側弧狀光亮區，是白天太陽光照射電離層所造成的紫外光散射結果。然而此衛星影像的解析度，尚不足以辨識分立極光弧等精細結構。

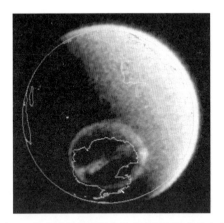

圖三：Dynamics Explorer 1（DE 1）人造衛星利用紫外光所攝得連接日夜半球的跨極極光弧（theta aur-
　　　ora）。這種跨極極光弧結構，多發生在行星際磁場有北向的分量時。一般相信，這種跨極極光弧是由於
　　　行星際磁場與地球磁場，在極區發生磁場線重聯所造成的現象。圖中右側半圓形的亮區，是白天太陽光
　　　照射電離層，所造成的紫外光散射結果。

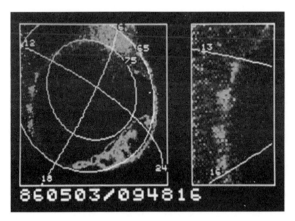

圖四：Viking 人造衛星上利用紫外光所攝得亮點極光（bright spots aurora）結構。這些亮點極光的形成，
　　　與高速太陽風吹過地球磁層，在磁層頂內部之邊界層所造成的渦流有關。這些亮點發生地點，多位於中
　　　午到下午的極區電離層，但有時也能在中午前的方位出現。

單的放電實驗所能複製出來的。

　　由於極光出現的範圍，每天不同，甚至一天變化數次，科學家稱這個不太對稱、有時一天數變的極光環狀區域為極光橢圓圈（auroral oval）（圖二）。通常極光橢圓圈的大小，可以反應地球磁層擾動程度的大小。通常地球磁層發生劇烈擾動時，極光橢圓圈的範圍也會隨之擴大。因此即使位在極光帶外圍的中低磁緯地區，也有機會看到絢麗的極光活動。

## 極光的電子束來源

　　科學家很早就已經注意到一些太陽閃焰（solar flare）發生後一天左右，地球上會出現絢麗的極光活動。因此曾經有此一說——造成極光的電子束，是沿著連接太陽黑子與地球的磁場線，一路到達地球表面，打出極光。這種說法顯然太天真了。因為電子彼此之間有靜電斥力，要讓來自太陽表面高濃度的電子束，在到達地球時仍然維持一個濃度很高的電子束形態，是件不可能的事。柏克蘭的實驗雖然精彩，但是卻無法說明自然界是如何產生像陰極射線管這樣強的電壓，也無法說明造成極光電子束的來源。

## 柏克蘭的修正理論

為了要解決電子束靜電斥力的問題,柏克蘭於去世前一年提出了一個新理論:若一群電子,與帶正電的質子或其他正離子一起由太陽出發,這樣就可以順利到達地球了。這種電子與帶正電的質子或其他正離子共存的介質,就是現在我們所熟知的電漿(plasma)。電漿是物質的第四態,整個太陽與所有的恆星都是由電漿所組成的。由太陽表面所散逸出來的電漿物質,越是遠離太陽,重力場強度跟著減弱,由內向外的熱壓梯度,可使這些向外膨脹的電漿逐漸加速,再加上一些波動的幫助,可造成一個流速甚快的電漿流,平均速度範圍約是每秒 200～800 公里。因此科學家稱它為太陽風(solar wind,在英文裡 wind 表示強風,breathing 表示微風,因此在太空時代之前,曾有 solar wind 與 solar breathing 之爭)。事實上,所有恆星都會向外吹出恆星風,銀河星系也會由中心向外吹出星系風。

## 日側磁層頂電流形成

太陽風與地球磁層的接觸面,科學家稱它為磁層頂。柏克蘭提出修正理論後三年,一位寄居英國的德籍猶太科學家也於西元 1919 年,提出相似的理論,並因此啟發了查普曼(Synedy Chapman,

1888～1970）博士對太陽風與磁層交互作用的研究。查普曼博士與他的研究生 Ferraro，根據太陽風壓與地球磁場的磁壓平衡點，精確地估算出日側磁層頂的位置，同時成功解釋日側磁層頂上電流的形成過程。為了紀念他們的成就，科學家今日稱日側磁層頂上的電流為 Chapman-Ferraro 電流。

### 夜側磁層頂跨磁尾電場

至於夜側磁層頂上，也有電流；太陽風吹拂夜側磁層頂，還可造成一個穩定的跨磁尾電場。這個晨－昏方向的跨磁尾電場，可以把夜側磁層中來自電離層的電漿，都趕到靠近磁赤道面，但是平行於日地連線的平面區域，也可把部分太陽風的電漿，由磁尾磁層頂開口處抽進來，因此形成了一條又長又扁的電漿片。電漿片上的電流與夜側磁層頂上的電流，兩者合起來所形成的電流迴路，很像兩個電感線圈，可以改變地球磁層的對稱性，在背陽的磁層一側，形成一條直徑約五、六十個地球半徑、長約數百個地球半徑的磁尾（圖五）。

### 太陽風與磁層頂的互動

科學家現在已經知道，由於有磁層頂的保護，太陽風中的電漿

流，只能由磁層頂上的少數兩三個開口區或是渦流區進入地球磁層。只有在某些特殊的情況下，磁層頂上的開口區會增加，因此太陽風就可以由這些區域進入地球大氣，再沿磁場線到達高緯電離層上空，並被該處的電場加速，造成前述的日側極光、跨極極光弧、與亮點

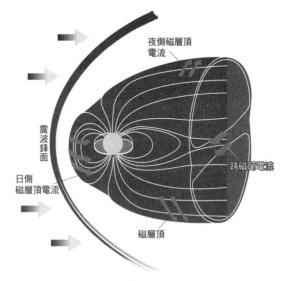

圖五：地球磁層與磁層頂的電流示意圖。

極光等現象（圖三、四）。另一方面，電漿片也是儲存電漿的好地方。當來自太陽的擾動，造成地球磁層擾動時，可提供額外的跨磁尾電場，因此加強了電漿片中電漿的儲存量。當磁層中的擾動大到足以破壞電漿片結構的穩定態時，儲存在電漿片中的電漿就會一股腦灌進電離層（圖六），造成夜側絢麗的極光。

## 太空時代的極光研究

　　五十年前，查普曼教授與范艾倫（James Van Allen, 1914～2006）

A

B

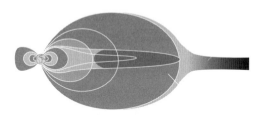

圖六：電漿片中的電漿，可造成絢麗的夜側極光。(A)當來自太陽的擾動，造成地球磁層擾動時，可提供額
外的跨磁尾電場，因此加強了電漿片中電漿的儲存量。(B)當磁層中的擾動大到足以破壞電漿片結構的穩
定態時，儲存在電漿片中的電漿就會一股腦灌進電離層，造成絢麗的極光。

教授等人所提出的 IGY 國際合作研究計畫，獲得不少劃時代的成
就。西元 1957 年秋天，人類史上第一枚人造衛星──前蘇聯的史波
尼克一號（Sputnik 1）成功地發射升空，人類正式進入太空時代。次
年，美國第一枚人造衛星探險家一號（Explorer 1）也順利升空，上
面搭載著范艾倫博士堅持放上去的蓋格計數器，因此得到了史波尼
克一號沒獲得的科學成果，幸運地發現了內、外范艾倫輻射帶。其
中，外范艾倫輻射帶中的高能電子，日後被證明正是造成擴散極光
的主要電子來源。

　　范艾倫輻射帶所放出的X光，與極光活動中所放出的紫外光與X
光，在傳向地面時都會被大氣所吸收，所以地面觀測不易，但在太
空中觀測是很合適的。只是早期的光電技術還不夠成熟，因此，雖
然人類在 1969 年就有能力登上月球，但是有能力直接由人造衛星

上，利用紫外光來觀測極光，或是利用微波觀測雲層的分布，卻是1980年以後的事了。

1981 年，美國愛荷華大學 Louis A. Frank 教授所帶領的研究團隊，在 Dynamics Explorer 1（DE 1）人造衛星上，放置了數個紫外光與可見光波段的光譜儀，首次獲得可以涵蓋完整極光橢圓圈的極光紫外光影像（圖二至圖四）。為什麼不用可見光拍攝這些極光呢？據說是因為地表可見光的光害太嚴重了。自 DE 1 人造衛星後，還有 Viking、FAST、POLOR 與 IMAGER 等人造衛星，也都是利用紫外光影像觀測極光大尺度的分布。值得注意的是，這些人造衛星的影像解析度都很低，因此無法解析一條條薄薄的極光弧結構。最近我們的福衛二號，在觀測紅色精靈高空閃電與中低緯度氣輝現象的同時，也經由其中的紅光與綠光光譜儀，看到不少的極光事件。由福衛二號所拍攝到的極光，與過去由太空梭上所拍攝到的極光（圖七），外觀上看起來非常

圖七：太空梭上所拍攝到的極光上部照片。

類似！

　　事實上，除了極光影像的記錄外，DE 1 還配合後來的 DE 2 人造衛星，一高一低同時觀測沿著磁場方向、電子能量與電場的分布情形。這兩個人造衛星的觀測結果顯示，打出極光的電子，主要的加速區局限於極區高空約兩、三千公里到低空數百公里之間。同時，這兩個人造衛星的電場觀測結果，也間接顯示這個區域可能存在沿著磁場方向、還算穩定的電位差。這些電位差所對應的電場，有些向上、有些向下，它們可以加速來自太陽風或磁尾電漿片中的電子與正離子，使它們加速打入低空大氣，造成極光。

## 極光研究的近況

　　要產生絢麗的極光，首先要有高濃度的電漿來源，還要有沿磁場方向的電位差。目前已知極光電漿的來源，包括了太陽風以及儲存在地球磁尾電漿片中的熱電漿。但是，目前太空科學界對沿磁場方向電位差的成因，以及導致磁尾電漿片崩潰的過程，還是存在著許多不同的理論與看法。此外，科學家對於決定極光弧厚度、多重極光弧的空間分布與極光弧飛舞過程等現象的物理機制，也還沒完全達到共識。基於篇幅所限，筆者在此就不再一一贅述各家理論，希望未來有機會再撰文介紹極光時，這些問題都能有比較明確的答案！

就像中醫問診，可以藉著把脈，診斷出部分病情；同樣地，地球磁層中的磁場線，多集中在高緯地區，因此極光的活動，往往也反應了浩瀚磁層中所發生的擾動。科學家透過對極光的好奇，所發展出來的各種理論與觀測方法，不斷提升科學家對太空物理與日地物理這些研究領域的了解。因此，極光除了是一個令人眩目的自然景象，也是驅使太空科學與太空科技不斷精進的原動力。

　　絢麗飛舞的極光，與舞龍非常相似。中國古代龍的傳說，可能就是古人看到極光後，想像出來的天上動物。二十年前，因為地球磁極位在北半球偏加拿大一側，所以科學家並不認為中國的黃河流域有機會看到極光活動。但最近二十年來，地球磁極快速移向北極地區（圖八），眼看就要轉到西伯利亞這一側。由此可見，地球磁軸應該會像單擺那樣擺動，或像陀螺那樣在東西半球之間晃動著。由此推想，古代中國人看到極光的機率可說非常高，因此才可能設計出像是舞龍和彩帶舞這種與極光動態相似的傳統舞蹈。只可惜我們生不逢時，所以沒有機會在臺灣看到漂亮的極光活動。希望地球生態可以長長久久，這樣我們的子孫才有機會再次目睹祖先所看過的迷人極光！

　　而極光的電能，如果能透過地面上的超導電纜引導下來，作為天然能源，或許可以解決部分能源問題，也可化解部分溫室效應所

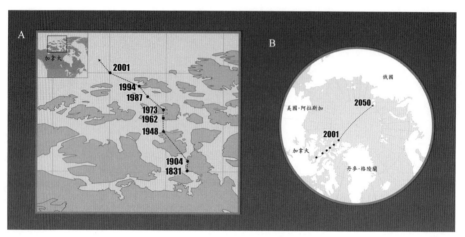

圖八：(A)過去一百七十多年來，地球磁極位置改變情形，顯示地球磁軸晃動的特性。根據大西洋海底山脈中磁化物質的磁極排列情形，可知地球磁軸每隔五十萬到數百萬年，會反轉一次。(B)在兩次反轉之間，可能會呈現不同幅度與不同週期的晃動現象。

造成的生態危機！然而這個利用極光發電的夢想，還需要靠科學家研發超導材質與更好的儲存電能的方法，才可能實現。

## 極光光譜與發光原理

極光是如何發光的呢？其實與霓虹燈的發光原理非常相似；日常生活中的霓虹燈與日光燈管內的氣體，在熄燈時是低密度的氣態，開燈時就被從陰極打向陽極的電子游離而呈現電漿態。

說到霓虹燈，就不能不介紹極光的早期研究史上，另一批貢獻偉闕的科學家。十九世紀瑞典著名的科學家埃斯特朗（Anders

Jonas Aangstroem, 1814〜1874），首先用三稜鏡分析了極光的光譜（我們現在稱0.1奈米為1Å，就是以他為名）。埃斯特朗發現極光的光譜中，只出現某些特定波長的發射光譜，而不是太陽光那樣的連續光譜。科學家知道，發射光譜是粒子由激發態的高能階，躍遷到較低能階時所放出來的光。就像人的指紋那樣，每一種物質，都有它特有的一組發射光譜。霓虹燈所呈現的紅光，就是燈管內所灌的低密度氖氣的發射光譜。不過科學家經過數十年的研究，仍無法找出埃斯特朗所觀測到的那些極光譜線，究竟是哪些化學物質的發射光譜。

後來科學家才明白，因為當時實驗室所製造的真空環境不夠真空，所以無法看到那些由生命期較長的亞穩定態造成的自發性躍遷過程所產生的光譜。又經過許多年，才由挪威物理學家 Lars Vegard（1880〜1963）首先分析出生命期比較短的游離態氮分子光譜，包括藍色光譜（427.8nm）與紫外線光譜（391.4nm）。其後，科學家又找到生命期約 0.7〜0.8 秒的黃綠色氧原子光譜（557.7nm）、生命期約 110 秒的紅色氧原子光譜（630nm／636.4nm）及更短的紫外線光譜（297.2nm）。因為這些亞穩定態的生命期較長，所以這些極光只能在比較稀薄的大氣中，才得以

不被中性氣體碰撞而發生自發性的躍遷，而能在同一時間放出這些漂亮的光線。

　　觀測的結果顯示，氧原子所放出的黃綠色極光（557.7nm）主要出現在 100 公里以上的高空，而 250 公里以上的高空則以氧原子所放出的紅色極光（630nm／636.4nm）為主。要造成這樣的極光，電子能量不需要很高（約 1keV 以下）。當打下來的電子能量高過 10keV 時，可以在 100 公里以下造成非常活躍的極光。包括了撞擊氮分子所放出的藍光（427.8nm）與紅光，以及撞擊氧分子所放出的綠光與紅光。這些高能的電子向下打入大氣時，多餘的能量除了可以持續撞擊路上遇到的大氣原子或分子，也可以把一部分能量轉給其他被游離出來的電子。這些被游離出來的電子也會沿著磁場線上下運動，繼續打出更多極光。只是向下大氣密度高，所以不久就走不動了。這就是為什麼劇烈活動的極光下緣特別明亮，而向上則沿著磁場線，一根根，都染色上光了！

　　除了高能電子外，由高空沉降的質子，也可以藉著與氫原子交換電荷，造成紅色質子極光（656.3nm）與藍色質子極光（486.1nm）。通常質子極光的光度比電子極光黯淡，且空間分布比較模糊。質子極光與電子極光可以同時發生，但是空間中的分

布略微錯開。因為電子是被向上的電場加速打入大氣，而質子則被向下的電場所加速而打入大氣。向上與向下的電場通常呈現波動形式，呈現交錯分布的狀況。

　　總之，決定極光顏色的因素很多，大氣的成分、密度、打出極光的電子與質子的能量，都可能影響極光的顏色與出現的高度。

（2007 年 8 月號）

參考資料

1. Akasofu, S.-I., Secrets of the Aurora Borealis, Alaska Geographic, vol. 29, 2002.
2. Craven, J. D., Y. Kamide, L. A. Frank, S.-I. Akasofu, and M. Sugiura, Distribution of aurora and ionospheric currents observed simultaneously on a global scale, Magnetospheric Currents, AGU Monogr. Ser., vol. 28, p 137-146, 1983.
3. Frank, L. A., Dynamics of the near Earth magnetotail – Recent observations, Modeling Magnetospheric Plasma, AGU Monogr. Ser., vol. 44, p261-276, 1988.
4. Frank, L. A., J. D. Craven, and R. L. Rairden, Images of the earth's aurora and geocorona from the Dynamics Explorer Mission, Adv. Space Res., vol. 5, p53-68, 1985.
5. Lui, A. T. Y., D. Venkatesan, J. S. Murphree, Auroral bright spots on the dayside oval, J. Geophys. Res., vol. 94, p 5515-5522, 1989.

# 微弱的宇宙輻射化石

◎—吳建宏

任職中央研究院，物理研究所

目前認為宇宙是在約一百四十億年前的一場大爆炸中形成的，2006 年的諾貝爾物理獎得主，用先進的儀器偵測，提出了支持大霹靂理論的證據。

當美國航太總署（NASA）的宇宙背景探測衛星（COBE）探測到宇宙微波背景輻射的異向性時，宇宙學家雀躍萬分，更將此項發現喻為「看見上帝之手」。宇宙背景探測衛星的兩位科學家馬瑟（J. Mather）與史穆特（G. Smoot）因研究成果強化了宇宙演化的大霹靂理論、有助於科學家深入了解宇宙結構與星系起源，共同獲得 2006 年的諾貝爾物理獎。

## 宇宙膨脹學說——大霹靂模型

1910 年代，理論宇宙學家應用愛因斯坦方程式來探討宇宙的動力學，推算出一個不斷在膨脹的宇宙。可是當時的天文觀測技術落後，沒有足夠的數據驗證這個學說。到了 1920 年代，天文學家哈柏

2006 年諾貝爾物理獎得主為任職於美國勞倫斯柏克萊國家實驗室的史穆特
（左），及美國航太總署的馬瑟（右）。

（E. Hubble）陸續發現遙遠的星系有紅移現象，即表示星系正以很高的速度遠離我們，顯示星系間的距離隨時間增加，引證了宇宙膨脹學說，後來被稱為宇宙的「大霹靂模型」（Hot Big-Bang Model）。此後，宇宙學便從純粹理論性的階段推前至一門實質的科學。

近四十年以來，大型的天文望遠鏡如雨後春筍，尤其是九〇年代升空的哈柏太空望遠鏡（Hubble Space Telescope），更能窺探宇宙深遠的星系。現在宇宙學家大致上有了一個宇宙演化的圖像，他們認為構成宇宙的物質有兩種：重子物質和非重子物質。重子物質是一般我們所熟悉的物質，大部分是氫和氦，即組成地球、太陽和星

## 演繹宇宙誕生的「大霹靂模型」

宇宙的起源一直是人們熱衷探討的話題，許多學者也提出了不同的假說；其中，大霹靂模型雖然還沒有被證實，但卻是目前最為大家所認同的一種說法，以下簡單呈現大霹靂模型中宇宙形成的過程：

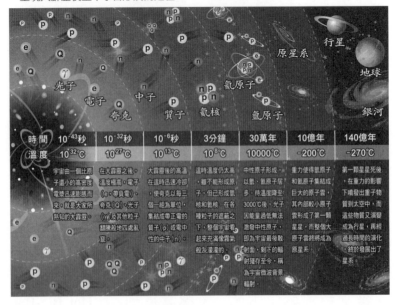

| 時間 | $10^{-43}$秒 | $10^{-32}$秒 | $10^{-6}$秒 | 3分鐘 | 30萬年 | 10億年 | 140億年 |
|---|---|---|---|---|---|---|---|
| 溫度 | $10^{32}$℃ | $10^{27}$℃ | $10^{13}$℃ | $10^{8}$℃ | 10000℃ | -200℃ | -270℃ |
| | 宇宙由一個比原子還小的高密度電漿迅速膨脹而來，就是大家所熟知的大霹靂。 | 在大霹靂之後，溫度極高、電子（e，帶負電）、夸克（Q）、光子（γ）及其他粒子翻騰般地四處亂竄。 | 大霹靂後的高溫，在這時迅速冷卻，使夸克以每三個一組為單位，集結成帶正電的質子（p）或電中性的中子（n）。 | 這時溫度仍太高，雖不能形成原子，但已形成氫核和氦核。在各種粒子的遮蔽之下，整個宇宙看起來充滿像霧氣般灰濛濛的。 | 中性原子形成，以氫、氦原子居多，待溫度降至3000℃時，光子因能量過低無法激發中性原子，即為宇宙最後散射時刻，剩下的輻射殘存至今，稱為宇宙微波背景輻射。 | 重力使得氫原子和氦原子集結成巨大的原子雲，其內部較小原子雲形成的第一顆星星，而整個大原子雲終將成為原星系。 | 第一顆星星死後，在重力的影響下噴發出重物質到太空中，而這些物質又演變成為行星，再經過長時間的演化，終於發展出了星系。 |

系等的物質。非重子物質是所謂的「暗物質」（dark matter），它比重子物質多好多倍。暗物質的壓力很小，不會發亮光，相互作用非常微弱，只可以重力塌陷，對大尺度結構及星系的形成具有決定性的作用。宇宙初期是一小團密度極高且極為炙熱的電漿，由處於熱平衡狀態的基本粒子所組成（如構成質子、中子的夸克和電子等）。宇宙的體積不斷地膨脹，溫度便相繼降低。

當宇宙的溫度下降到約攝氏 $10^{13}$ 度時，夸克會結合成為質子和中子，此外還有剩餘的電子和熱輻射。當溫度再下降到約攝氏 $10^{10}$ 度時，質子和中子便產生核反應，製造出氫和氦等較輕的原子核。溫度到了約攝氏 3000 度時，氫和氦等原子核與周遭的電子結合成氫氣和氦氣等。之後，經過一百四十億年的膨脹及冷卻後，今天宇宙的溫度大約是絕對溫度 3 度（3K），相當於攝氏零下270度！在宇宙膨脹、冷卻過程中，暗物質密度較高的部分受到內在重力的吸引，漸漸聚合，最後經過重力塌陷，形成暗暈。之後，暗暈成為重力中心，吸引其他氣體，形成星系雛形，最後演變成星系和星系團。

## 微弱的輻射化石

我們採用微波天線來探測大霹靂遺留下來的 3K 熱輻射背景，3K 熱輻射主要的組成是微波，稱為「宇宙微波背景輻射」。1963 年，美國貝爾實驗室的彭齊亞斯（A. Penzias）和威爾遜（R. Wilson）利用微波天線接收機，無意中發現了宇宙大爆炸後遺留下來的宇宙微波背景輻射，為大霹靂模型提供了最重要的證據，他們兩人因此共同獲得 1978 年諾貝爾物理獎。

宇宙微波背景輻射不僅是大霹靂遺留下來的熱輻射，更重要的是，它隱藏著一百四十億年前宇宙的真貌、大尺度結構和星系形成

的起源之重要訊息。大霹靂後約三十八萬年的時候，宇宙的溫度大約降到攝氏 3000 度，電漿中的正電離子漸漸與周遭的電子結合成中性原子，整個宇宙頓然變成中性。同時，熱輻射的溫度降到攝氏 3000 度，輻射中的光子多數是紅外線，因為所帶的能量太低，再也不能激發周圍的中性原子，這個時期我們稱之為「宇宙最後散射面」。此後熱輻射便慢慢地不再與宇宙中的物質有相互作用，獨自成為宇宙背景輻射，同時整個宇宙也變成透明。

由於在最後散射面之前的宇宙是處於熱平衡狀態，其中熱輻射的光譜是一個黑體輻射的分布，所以，最後散射面之後，宇宙背景輻射的光譜仍是一個黑體輻射。經過一百四十億年的宇宙膨脹，宇宙背景輻射除了冷卻成為微波輻射外，本質不曾改變，所以從現在探測到的宇宙微波背景輻射，就可讓我們直接觀察一百四十億年前宇宙的模樣，從而窺探宇宙誕生約三十八萬年後的初期狀況。

### 先進儀器的觀測

1989 年時，美國航太總署位於馬里蘭州的戈達德太空飛行中心發射宇宙背景探測衛星（COBE），衛星上酬載了三個高靈敏度的儀器，包括「散狀背景擴散實驗裝置」（DIRBE）、「微差微波射電儀」（DMR）和「遠紅外線絕對光譜儀」（FIRAS）。DIRBE 負責

尋找宇宙紅外線背景輻射，DMR 是描繪全天宇宙微波背景輻射，FIRAS 則測量宇宙微波背景輻射的光譜，同時與黑體輻射作比對。

FIRAS 首次測量宇宙微波背景輻射的溫度，大約是 2.725K，並證明宇宙微波背景輻射的光譜的確與黑體輻射

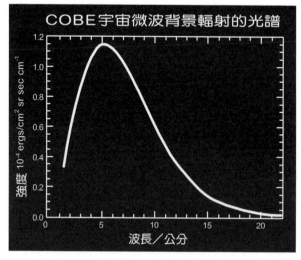

圖一：FIRAS精確的測量宇宙微波背景輻射，所得測的光譜〈圖中曲線〉完全與 2.725K 黑體輻射的光譜相同。

的光譜吻合，與大霹靂理論的預期非常一致（圖一）。1992 年初，DMR 量測到宇宙在不同方向的微波輻射溫度有非常細微的差異，稱為異向性 （anisotropy）。DMR 則把天空分割成好幾千個像素（pixel），然後分別測量每個像素的溫度，發現僅有幾十萬分之一度差異（圖二）。DMR 的研究成果給予大霹靂理論又一強力的支持，使我們能對宇宙誕生約三十八萬年後的初期階段進行觀測，有助於了解星系形成的過程。

## 大霹靂理論得到支持

　　現年六十歲的馬瑟服務於美國航太總署的戈達德太空飛行中心，六十一歲的史穆特（圖三）則任職於加州大學柏克萊分校的勞倫斯柏克萊國家實驗室。當年，馬瑟負責 COBE 整體計畫的協調，而專精天文物理學的史穆特則是 DMR 計畫主持人。

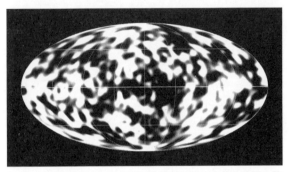

圖二：這幅是根據 COBE 偵測到的數據建構出來的全天圖，顯示初期宇宙輻射出的宇宙微波背景有著微小的溫度變異（淺色區域的溫度略高），且宇宙輻射並不均勻，間接證實了大霹靂學說。

圖三：史穆特在加州大學柏克萊分校授課的情形。

　　瑞典皇家科學院表示，馬瑟與史穆特藉由確證大霹靂理論的預測，並佐以直接的量化證據，將初期宇宙的研究從理論探究轉型為直接觀察與測量，也有助於證明星系形成的過程。科學院的頌詞說：「兩位得獎者從 COBE 的大量觀測數據，進行非常詳盡的分析，在

現代宇宙學演進成精確科學的發展上，扮演了重大角色」。諾貝爾物理學獎評審委員會主席卡爾森表示，馬瑟與史穆特兩人並未證實大霹靂理論，但提出非常強烈的支持證據，可謂是本世紀最偉大的發現之一，並讓我們對自己生存所在地更加了解。

廣義相對論最重要的預測之一是「重力紅移」（gravitational redshift），它把重力場與能量兩者關聯在一起。當我們爬上樓梯的時候，會覺得很費力氣，是因為我們身體不停地背著地球的重力場作功，增加我們的位能。換句話說，要增加重力位能，我們得要消耗體力。同樣的道理，若向天頂發射一束白光，越往前進的光子的能量會漸漸減少，所以光子跑得越高，輻射頻率降得越低，結果發現光束的顏色些微偏向紅色，此現象稱為「重力紅移」。白矮星重力場的重力紅移效應早在廣義相對論提出後不久後就被觀測到了，此後科學家便相繼在太陽及地球的重力場測量到重力紅移效應。

當宇宙熱輻射從最後散射面出發，穿越星系間的大尺度結構來到現在的地球時，宇宙物質分布不均的現象便會透過重力紅移效應顯示在宇宙微波背景輻射的溫度異向性上。

專家們利用 DMR 量測的結果發現，由宇宙物質大尺度結構（如：星系或星系團）在重力場上引致的微小密度起伏，正是宇宙大尺度結構和星系形成的起源。所以，初期宇宙中的物質分布大致

平均。然而星系、地球,甚至人類之所以能出現在這世界上,存在於現在的時空,就是這小小的不平均所造成的。

因為,在物質密度較高的地方,重力也較強,因此會吸引其他物質和能量朝此聚集,經過一百多億年的演化後,就形成了現在我們所知道的星球、星系;而密度低的地方,就成為星系間的廣大太空了。這個星系形成過程的推測與大霹靂理論的預測相當吻合。

## 國內的發展

國內在十年前也開始進行宇宙微波背景輻射研究觀測的策畫,於 2006 年 10 月初已經在夏威夷的毛納洛峰正式舉行落成典禮的宇宙微波背景輻射陣列望遠鏡(AMiBA),更是由中央研究院和臺灣大學合作研製的。未來期望能夠透過觀測宇宙微波背景輻射穿越星系團所產生的溫度差異,進一步探討星系團的結構及宇宙的演化。

最後,筆者認為,這些研究都是為了探尋宇宙的起源,雖然對民眾的日常生活沒有直接造成影響,但科學家為了追求大自然的奧祕與滿足好奇心,研製出新的技術並創造出新的科學,這對日後人類生活進步確實是有幫助的。

(2006 年 12 月號)

# 暗能量：來自宇宙的大謎團

◎—林文隆

任教臺灣師範大學物理系

> 為了解釋宇宙正在加速膨脹，科學家推論在組成宇宙的物質中，有 73% 是一
> 種壓力為負的物質，稱為暗能量；但是暗能量的本質究竟為何，至今仍是一
> 個物理學家亟欲解開的謎。

最近十多年來，宇宙學的進展突飛猛進，其中一個最不可思議的發現，就是目前宇宙的主要成分是壓力為負的暗能量（dark energy），約占全部的73%；其次是暗物質（dark matter），占23%；而我們熟知的物質只占 4%左右。這神祕暗能量的本質究竟為何，乃是當今物理學家研究的主要課題。在為大家介紹暗能量的天文觀測證據之前，先讓我們溫習一下宇宙學的基本知識。

## 廣義相對論和宇宙常數

二十世紀偉大物理學家愛因斯坦於 1915 年發表廣義相對論，由於整個宇宙的演化受到重力影響，故廣義相對論是宇宙學上最重要

的理論基礎。

　　愛因斯坦在 1905 年發表特殊相對論之後，整整花了十年的功夫才得到廣義相對論中的重力場方程式。這是因為該理論牽涉到彎曲的時空，需要用到一門十九世紀發現的數學——黎曼幾何。這是一種非歐幾何，根據非歐幾何的觀點，二維的曲面可分成三種：（一）平面，平面上任一三角形的內角和恆等於180度，曲率為零；（二）雙曲面，三角形內角和小於180度，曲率為負；（三）球面，三角形內角和大於180度，曲率為正（圖一）。

　　1854 年，黎曼將高斯二維的非歐幾何推廣至任何維度，建立了高維彎曲空間的概念及計算空間曲率的方法。愛因斯坦因為得到大學同窗好友葛羅斯曼（Marcel Grossman, 1878～1936）的幫助，了解到黎曼幾何正是他需要的數學工具，幾經不斷的嘗試，終於在 1915 年底成功寫下了重力場方程式：$G_{\mu\nu} = 8\pi G T_{\mu\nu}$。方程式的左邊為愛因

圖一：二維曲面根據非歐幾何觀點，可分為平面、雙曲面和球面三種。

斯坦張量，與時空的曲率有關，右邊係能量—動量張量，為重力的來源。換言之，時空的幾何與重力場有關。

　　1917 年愛因斯坦為了得到當時相信的靜態宇宙模型，在重力場方程式中引進宇宙常數Λ；後來當他得知宇宙正在膨脹而非靜止時，自稱此舉為他一生所犯最大的錯誤。事實上，在哈柏從望遠鏡觀測發現宇宙的膨脹之前，俄羅斯數學家及氣象學家弗里德曼（Aleksandr Friedmann, 1888〜1925）早已於 1922 年發現，不含宇宙常數的愛因斯坦方程式具有演化（膨脹或收縮）宇宙模型之解；可惜他因乘坐氣球研究氣象而罹患傷寒病逝，時年僅三十七歲。

## 宇宙大霹靂理論

　　1920年代，美國天文學家哈柏利用加州威爾遜天文臺100吋望遠鏡，量測數十個星系的紅位移及距離，發現星系離開我們的速率與其距離呈正比，這項結果於 1929 年發表，是為哈柏定律。哈柏定律告訴我們宇宙正在膨脹中，隨著宇宙的膨脹，宇宙的溫度跟著降低。反推回去，可知我們的宇宙是在過去某一時刻，由溫度很高、密度很大的區域爆炸產生，這就是所謂的「大霹靂」。

　　根據「大霹靂」可推論宇宙在最初三分鐘左右，製造了大量的 $^4$He、少量的 $^2$H 及 $^3$He，及微量的 $^7$Li。之後宇宙輕元素（氘、氦等）

的測量果然和此推論相符。1998年，柏勒斯（Scott Burles）及泰特勒（David Tytler）利用 10 米級凱克望遠鏡上的光譜儀，測量氘原始含量的精確值，將此值與宇宙大爆炸製核理論比較，可推論重子（一般物質）只占宇宙成分的 4%。

1965 年，美國貝爾實驗室科學家彭齊亞斯（Arno Penzias）及威爾遜（Robert Wilson）發現宇宙微波背景輻射（CMB），使大霹靂獲得有力的支持而成為宇宙學的標準模型（圖二）。我們可以說，哈柏定律、輕元素含量及宇宙微波背景輻射這三大發現，構成了大霹靂的三大支柱。

圖二：1965 年，美國科學家彭齊亞斯及威爾遜發現宇宙微波背景輻射，兩人因此與前蘇俄科學家卡皮查同獲 1978 年諾貝爾物理獎。

宇宙標準模型是一個很好的理論，而且有觀測證據支持，但並非全無問題。當我們把時間反推至宇宙極早期時，便會出現一些難題，諸如水平視界問題、平坦問題及磁單極問題等。為了解決這些難題，理論物理學家古

斯（Alan Guth）於 1980 年提出，宇宙極早期時曾經瞬間經歷過「暴脹」（Inflation）的構想，他的想法是：宇宙在 $t = 10^{-35}$ 秒時，在極短的時間內（$\Delta t \approx 10^{-32}$ 秒）由 $10^{-24}$ 公分暴脹成 10 公分左右。暴脹之後，宇宙仍繼續膨脹但速率減緩許多，且因為受到重力的影響，膨脹速率逐漸變慢。如果真的如他所想，原先許多難題將自然迎刃而解，自此，「暴脹」成為大霹靂理論極為重要且不可或缺的一環。

## 宇宙年齡較星團年齡小的矛盾問題

我們銀河系的銀暈中，散布著一百多個球狀星團，各含有 $10^5$ $\sim 10^7$ 個星球，這些星球的金屬（比氦更重的元素）含量極少，因此是本銀河系最古老的星球；而一個星團裡的星球據信是同一時間形成。

直到 1990 年代初期，根據星球演化的理論及球狀星團在赫羅圖的分布，得到球狀星團的年齡約為一百六十億年。當時最被看好的宇宙模型為平坦而由物質主控的宇宙，但是根據此模型得出宇宙年齡僅為九十二億年，比球狀星團的年齡還小。這個矛盾的結果即所謂「宇宙年齡問題」。麻煩可能出在球狀星團的年齡估計錯誤，實際上應小於一百六十億年，或者是所採用的宇宙模型不正確。於是宇宙常數 $\Lambda$ 不為零的宇宙模型再度受到重視，因為引進宇宙常數將使得年齡增加。

## 宇宙物質與能量組成

要知道宇宙的年齡之前，須先知道宇宙組成的成分、宇宙的物質與能量有哪些而且各占多少？最近二十年各種天文觀測提供我們很好的答案。

## 超新星的觀測

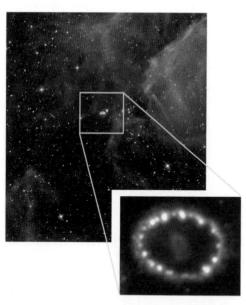

圖三：1987 年發現的 SN1987A，屬於 II 型超新星，前身是重質量的星球。

依據超新星光譜是否含有氫的譜線，超新星可分成 I 型和 II 型，不含氫者為 I 型超新星，具有氫者屬 II 型。II 型超新星的前身為重質量的星球，1987 年所發現的 SN1987A 即屬 II 型（圖三）。I 型超新星又可分成 Ia、Ib 及 Ic 型等，其中光譜沒有氫但有矽者，稱為 Ia 型超新星，其前身為雙星中的白矮星。

白矮星不斷地從其伴星中

吸附物質，當質量達錢氏極限時，點燃核融合反應並導致爆炸而形成超新星。由於這類超新星爆炸時的質量均在錢氏極限附近，故其尖峰的發光度大致相同，因而 Ia 型超新星是宇宙學重要的標準燭光；換言之，Ia 型超新星可作為距離的指標。

有兩個研究團隊「超新星宇宙計畫團隊」及「高紅移超新星尋找團隊」分別觀測高紅移的 Ia 型超新星。他們發現，目前宇宙的膨脹非但沒有減緩，反而在加速當中。果如是，宇宙的成分除了物質（包括重子及冷暗物質）之外，尚有壓力為負的奇怪成分存在，我們稱之為暗能量，其性質非常接近宇宙常數。

## 宇宙微波背景的觀測

1965 年宇宙微波背景輻射的發現，使得大霹靂成為宇宙標準模型。宇宙在大爆炸後約三十七萬年，自物質分離而出的黑體輻射，隨著宇宙的膨脹溫度跟著降低，目前溫度大約為 3K。

1989 年 11 月 18 日，一部新的宇宙微波背景探測器COBE衛星升空，內載三部儀器，分別測量宇宙微波背景的能譜、溫度的起伏與紅外線背景。這是科學家第一次自衛星精密測量宇宙微波背景，之前或者用地面無線電波望遠鏡，或者將探測器裝在氣球上，而且只限單一波長的觀測。例如當年美國貝爾實驗室的潘佳斯和威爾森所

用的波長為 7.35 公分，普林斯頓大學的羅爾（Peter Roll）和威金森（David Wilkinson）則用 3.2 公分。

COBE 在幾個月之內，便一次測量到近百個不同波長（0.05 公分≦λ≦10公分）的輻射強度，並於 1990 年發表宇宙微波背景輻射的能譜為一完美黑體輻射，目前溫度為 2.728K，相當於每一立方公分有四百一十二個光子。COBE 最重要的發現，則是 1992 年觀測到宇宙微波背景輻射的微小異向性，即宇宙微波背景在不同方向的溫度起伏量為$\Delta T \approx 10^{-5} K$。我們知道早期處於熱平衡狀態，因此宇宙微波背景輻射的溫度是均勻的，而且各方向的溫度也相同。不同方向的溫度雖大致相同，但仍會有微小起伏，否則就不會有星系及星球形成。由於這項對宇宙微波背景輻射的能譜和微小異向性的重要發現，馬瑟（John Mather）和史穆特（George Smoot）共同獲得今年諾貝爾物理獎。

之前觀測儀器的靈敏度不夠，直到 1992 年 COBE 才觀測到宇宙微波背景的異向性。由於宇宙微波異向性的觀測，可提供宇宙膨脹的速率、幾何、物質或能量的成分、結構形成等重要訊息，因此自COBE之後有許多這方面的觀測，包括地面及氣球。不過最精確的測量結果，當屬 WMAP 衛星。

為了獲得重要的物理資訊，通常要先將宇宙微波背景的數據轉

化成溫度功率譜，並和理論比較。圖四 A 為理論預測的宇宙微波背景溫度異向性功率譜，此圖大致分成平原（Plateau）、聲波尖峰（Acoustic Peaks）與下降尾端（Damping Tail）三區。許多宇宙微波背景的觀測數據得到的溫度功率譜，與標準宇宙模型的理論預測相當吻合，且證實了第一及第二尖峰的存在。由第一尖峰的位置，我們可以得到重要的結論：$\Omega_{tot} = \Omega_m + \Omega_\Lambda \approx 1$，$\Omega_K \approx 0$（$\Omega$可看做宇宙的密度，下標表示不同成分，tot 代表全部的密度，m 代表物質，$\Lambda$代表暗能量，K 代表空間曲率。）；換言之，宇宙的空間是平坦的。由最近三年期 WMAP 衛星精確的觀測，得到圖四 B 宇宙微波背景的溫度異向性功率譜，由此並可得知 $\Omega_\Lambda \approx 0.73$，$\Omega_m \approx 0.27$。

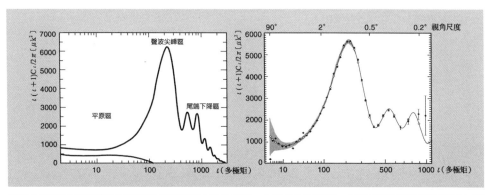

圖四：(A)理論預測的宇宙微波背景溫度異向性功率譜，大致分為平原區、聲波尖峰區與尾端下降區；(B)由 WMAP 衛星三年的觀測數據得到的宇宙微波背景溫度異向性功率譜，與理論預測相當吻合，也證實了第一、第二尖峰的存在。

## 星系團的觀測

　　星系團乃宇宙的大結構，是由許多星系彼此受重力吸引而形成的系統。由於它夠大，其重子質量與總重力質量 $M_{grav}$ 的比值，將可代表宇宙重子密度參數 $\Omega_b$ 與宇宙物質密度參數 $\Omega_m$ 的比值 $f_b$，即 $f_b \equiv \Omega_b/\Omega_m \approx M_b/M_{grav}$，將宇宙大霹靂核合成理論（BBN）所得 $\Omega_b$ 的值代入此式，即可求出宇宙的物質密度參數 $\Omega_m$。

　　總之，今日宇宙的物質與能量如下：物質占 27%，暗能量（以宇宙常數為代表）占 73%。在 27%物質之中，重子（指質子、中子等一般物質）只占 4%，其餘 23%為冷暗物質；而光子只占 0.005%。

## 宇宙常數與宇宙的年齡

　　假設宇宙膨脹的速率一直維持不變，由哈柏定律得此情況下的宇宙年齡為 1／$H_0$，我們稱此時間為哈柏時間，並以 $t_H$ 表之。實際上受到宇宙各種物質間重力的影響，膨脹的速率也隨著改變，因此今日宇宙的年齡 $t_0$ 是哈柏常數 $H_0$、宇宙各種成分的密度參數 $\Omega_i$，以及其狀態方程式 $\omega_i$ 的函數，即 $t_0 = f(H_0, \Omega_i, \omega_i)$。

　　如果宇宙的成分都是壓力為正的物質，互相之間的重力均為吸引力，則宇宙膨脹的速率會隨時間減緩下來，這麼一來，宇宙的年

齡應該會小於哈柏時間。1980～1990 年代初期，公認最好的宇宙模型為愛因斯坦－狄西特（Einstein-de Sitter）模型，即平坦而由物質主控的宇宙：$k = 0, \Omega_m = 1$。此時宇宙的年齡由計算得知僅為哈柏時間的 2 ／ 3，即 $t_0 = 2 ／ 3 t_H$。用哈柏常數的最佳觀測值代入，宇宙年齡僅為九十二億年，遠小於我們所知最古老天體年齡的下限一百二十億年，此即所謂的宇宙年齡問題。於是，宇宙常數不為零的宇宙模型開始受到重視。因為物質之間的吸引力會使宇宙膨脹的速率減慢，而宇宙常數的效用相當於排斥力，會加速宇宙的膨脹。

給定今日哈柏常數值，引進宇宙常數會導致宇宙的年齡增加，因為它表示在初期膨脹速率較慢，所以需要較長的時間達到目前的距離。至於宇宙真正的年齡則視 $\Omega_m$ 和 $\Omega_\Lambda$ 的大小而定。

根據 Ia 型超新星、宇宙微波背景幅射及宇宙大結構等觀測，我們得到一個和所有觀測結果均符合一致的宇宙模型，根據該模型，目前的宇宙的年齡為一百三十七億年。此年齡比古老星體的年齡稍大，因此該宇宙模型並無宇宙年齡問題。

## 神祕的宇宙暗能量

從上所述，目前有一個符合各種天文觀測的宇宙模型，主要內涵如下：「宇宙空間的幾何是平坦的；宇宙現在正處於加速膨脹

中；非相對論性物質占宇宙成分的 27%，暗能量占 73%。」不同物質的狀態方程式參數（ω＝ p ／ρ）也不同，非相對論性物質ω＝ 0；暗能量ω＝－1。

神祕暗能量的本質是當今宇宙學最大的謎團，而宇宙常數是暗能量最簡單的解答之一。從量子場論的觀點來看，宇宙常數即真空能量，但其觀測值遠比理論值小，相差了一百二十個數量級，這便是著名的「宇宙常數難題」。

另外有一個難解的謎團稱做「宇宙巧合難題」：宇宙常數的能量密度固定，不會隨著時間改變，而物質能量密度則隨著宇宙的膨脹而減少，這就導致一個很難解釋的現象：為何這兩種能量密度目前剛巧差不多（分別為 27%及 73%），但在早期的宇宙，宇宙常數能量密度卻比物質能量密度小很多，而在遙遠的未來卻大許多？

因此許多人認為，暗能量乃是一種動態純量場，我們可選擇適當的位勢，使其能量密度和物質能量密度在目前的大小差不多，而且純量場的位能要遠大於它的動能，使得暗能量的壓力為負。此種暗能量的狀態方程式不再是固定不變，而是紅移的函數：ω＝ω（z）。有人將此種前所未知的暗能量取名第五元素（quintessence）；甚至有人認為暗能量是一種ω值小於－1 的東西，由於其性質甚為怪異，故取名幽靈（phantom）。

## 解釋宇宙加速膨脹的其他理論

　　儘管暗能量的本質有多種猜測，但從基本物理的觀點來看，迄今仍缺乏令人滿意的理論；何況壓力為負的東西實在太難理解，於是有人質疑暗能量是否真的存在。當然，我們的宇宙目前在加速膨脹中，已是不爭的事實（因為有許多觀測證實），可是，這個現象除了暗能量之外，是否有其他解釋？底下簡單描述一些這方面另類的理論。

　　不均勻模型：有人認為大尺度的微擾可能導致極大的反作用而引發加速。這想法提出後，有許多人進一步研究物質分布不均勻時對光傳遞的影響。這方面的研究仍在進行。

　　廣義相對論的修正：也許今日宇宙加速的膨脹並非有暗能量的存在，而是在像宇宙這麼大尺度時（此時宇宙的曲率很小），愛因斯坦的廣義相對論需要修正，例如多了一個修正項，它在曲率大時效應很小，但當曲率小時，影響變大，使得宇宙由減速變成加速。為了達到此目的，最簡單的方法就是在愛因斯坦－希爾伯特的作用項（action）中，將曲率純量 R 用它的函數 f（R）來取代。

　　另一種方法是採用高維的膜理論，在低能量時重力局限在四維時空的膜上面，此時該理論與四維的廣義相對論相同；但在極大能

量時，重力會滲入高維的空間，此種理論會修正宇宙演化的方程式，無需暗能量即可得到加速膨脹的宇宙。以上介紹修正廣義相對論的理論，實際上都會碰到許多難題，例如不穩定、不滿足因果律等等。究竟目前宇宙的加速膨脹係因為暗能量的存在，抑或愛因斯坦的廣義相對論需要加以修正，仍是未解的問題。

## 精密宇宙學時代

宇宙學的發展日新月異，今日已經進入精密宇宙學的時代。不久將來，會有許多更精密的大規模觀測，例如 SNAP（SuperNova Acceleration Probe）預計將觀測二千個以上超新星，它將準確測出暗能量的密度參數，並確定暗能量的本質及狀態方程式；而預計 2007 年升空的 Planck 衛星探測器將更精密測量宇宙微波背景輻射異向性及偏極；而臺灣也未在這項競賽中缺席，由中研院及臺大合作的 AMiBA 偵測器（圖五）在美國夏威夷大島上即將架設完成，不久將可開始偵測宇宙微波背景輻射。可以說未來五十年，暗能量將是宇宙學上最重要的研究課題。

（2006 年 11 月號）

圖五：中研院與台大合作的宇宙微波背景偵測器AMiBA，在夏威夷島架設
　　完成。

# 宇宙裡更多的「地球」

◎──辜品高

任職中央研究院，天文及天文物理研究所籌備處

自從第一次人類將眼光望向燦爛的星空時，我們對外太空生命的好奇種子就已深深埋下。今日的科技究竟允許我們探索到了些什麼呢？

自西元 1995 年以來，天文學家開始大量發現太陽系以外的行星系統，證明太陽並不是銀河系中唯一擁有行星的恆星。這些系外行星（exoplanets）的發現，正如四百年前伽利略使用望遠鏡觀察天象一般，為天文學新開了一扇窗。透過這個新的窗口，讓我們更了解行星是如何形成和演化的。但其最終及最有趣的目的，則是能解答是否還有別的「地球」，甚至外星生命的存在。

在探索這個問題之前，我們先不要捨近求遠，讓我們先研究一下距離地球最近的天體──月球吧！大家都知道月球是地球的衛星，所以約略來說，月球所受到來自太陽的熱輻射與地球差不多。可是為什麼月球表面並無生命跡象呢？為什麼月球表面並無海洋呢？目前在學界的看法是，月球質量太小，其微弱的重力無法抓住

大氣，於是大氣受太陽輻射加熱之後逃逸。即使後來有彗星陸陸續續砸下來（可將彗星想像成大型的髒雪球），持續地供給冰，但也因為月球表面幾乎沒有大氣，氣壓極低，以致於冰很快就受熱昇華成水氣，所以海洋無法形成。因此單以月球的例子來說，要成為能在地表上孕育生命的星球，天體的質量不能太小。當然，另類的思考永遠是存在的。譬如說有許多天文學家揣測一些木星或土星的寒冷衛星，或許因為其潮汐造成的地熱可融化內部的冰，或是因為液態甲烷可能代替水，因而使這些衛星可能有孕育生物的條件。但這些理論至今還是尚未證實。

## 天人合一否？

讓我們再回到地球，想想這個有生命的星球，思考一下人類和宇宙到底有什麼聯繫。我們知道人類的組成分子大部分是水，碳則是組成有機分子的主幹，而氮則是組成胺基酸以及核酸的要素。科學家把組成人體的重要元素和組成宇宙天體的主要元素相比較，發現下面一個有趣的對照表：

從表一的數據可以看出來，除了惰性氣體之外，人體的主要元素和宇宙天體的主要元素居然是差不多的！這讓我們不免想起《莊子·齊物論》中天人合一的思想：「天地與我並生，萬物與我為

表一：科學家把組成人體的重要元素和組成宇宙天體的主要元素相比較，發現除了惰性氣體之外，人體的主要元素和宇宙天體的主要元素居然是差不多的。

| 數量排名 | 宇宙（恆星和氣體） | | 人體 | |
|:---:|:---:|:---:|:---:|:---:|
| 1 | H | 92.71% | H | 60.56% |
| 2 | He（惰性） | 7.185% | O | 25.67% |
| 3 | O | 0.050% | C | 10.68% |
| 4 | Ne（惰性） | 0.020% | N | 2.44% |
| 5 | N | 0.015% | | |
| 6 | C | 0.008% | | |

一」。但是，讓我們就天文學的角度來看，這種天人組成分子的吻合情況，是一種巧合嗎？

氫是宇宙中最簡單的元素。自從大霹靂之後，宇宙一直膨脹，後來冷卻再冷卻，使得質子和電子結合成為氫原子，變成宇宙中恆星和氣體的主要成分。然而組成地球上生物有機分子的主要元素碳，竟然無法在大霹靂時來得及製造。在宇宙的歷史中，碳元素需要按著特別的「食譜」去製造。

所有類似太陽的恆星，在它們百億年的生命末期，其核心溫度就會上升到達約一億度。此時在恆星中心，每三個氦會核融合為一個碳原子核，而整個恆星會膨脹起來成為紅巨星。恆星在紅巨星的階段，會揚起強烈的恆星風向外吹，於是恆星損失質量，其大量的

氣體，包括碳元素，便隨著恆星風吹入星際介質之中。之後新的恆星和行星在星際介質中形成，碳元素便自然地成為行星組成分子的一員。

　　除了碳之外，科學家一般相信液態水是孕育生物的必要條件。這個論點並沒有被確切地證實，事實上生物學家目前也無法回答原始生命是如何產生的。但是有一些液態水的基本性質，使得科學家做這樣的揣測。首先，在表一顯示，宇宙第一多的元素是氫，第三多的是氧，所以水分子產生的機率比較大。其次，水的比熱高，可以使環境的溫度穩定。此外，原子和分子可藉著水來移動，但同時卻也限制於較小的活動範圍（相較於氣體），以便於聚集合成複雜的分子。

　　事實上，水提供環境讓某些分子溶解其中（也就是扮演化學上所謂的溶劑），而更容易進行化學反應。當然，其他為數不少的液態分子也可以當作溶劑，譬如說阿摩尼亞（$NH_3$，也就是指氨氣）。但是水與其他溶劑相比，以它能夠以液態方式來存在的溫度範圍而言，算是比較廣的，表示液態水比較容易存在。

## 生命三要素

　　在我們暢談生命在宇宙中誕生的當兒，諷刺的是我們尚未給生命一個定義。

生命可能是由許多有機分子組成，但究竟多麼簡單的有機分子可以被視為生命，這是生物學上一個困難的問題。讀者或許有著不同的看法。

　　在此我們將一群能夠互相協調來執行成長、繁殖、以及演化步驟的有機分子集體，定義為生命。就這個簡單的定義來說，成長和繁殖是需要供給能量的。於是乎綜合本段以及前面幾段的介紹，我們或許可歸結出一個結論，那就是生命的存在可能離不開下列三個要素：碳、水、和能量。如果我們相信在宇宙中，生命起碼需要具備此三要素，那麼天文家的使命就是透過望遠鏡，從宇宙中去尋找跟這三要素有關的光源（星體）。

　　由於組成分子的原子成員彼此相互做振盪和旋轉，因而不同的分子輻射出不同的光譜線。目前已經有許多的天文觀測團隊，試圖觀測恆星形成的雲氣，將所觀測的光做光譜分析，來尋找有機分子，譬如說甲酸（$CH_3OH$）、乙基氰（$C_2H_5CN$）、乙酸（$HCOOCH_3$）等。這類有機分子的光譜波長多是落在次毫米波段。臺灣與美國史密松（Smithsonian）天文臺在夏威夷合作興建的次毫米波陣列（英文縮寫為 SMA），當仁不讓是尋找這些分子的利器。

　　當然，這些瀰漫在恆星形成氣團中的有機分子，在行星形成的過程中，未必能倖存下來。但有一派假說認為，有機分子可在行星

形成後靠彗星隕石帶入。西元 1969 年，著名的莫契遜（Murchison）隕石（圖一 A）掉到地球，裡面就包含了七十種左右不同的胺基酸，其中有八種是組成蛋白質的原料。

　　另一派假說則認為生命是在行星形成之後，由於行星大氣中的某些化學作用而開始的。西元 1952 年米勒（Stanley Miller）和尤列（Harold Urey）進行一項實驗，想去實踐這種想法。他們在實驗瓶中裝入水（$H_2O$）、甲烷（$CH_4$）、氨（$NH_3$）、氫（$H_2$）等氣體來模擬地球早期的大氣，再加以電擊模擬閃電，最後他們真的製造出構成蛋白質的數種胺基酸（圖一 B）。

　　除了尋找在恆星形成區域的有機分子外，我們可以試著去尋找另外兩項生命要素：液態水和能量。能量是個比較概括的概念，因為它能夠以許多不同的形式存在。就天文的角度來看，沒有一種能量比恆星所發出的輻射更穩定並且強大的了。於是液態水和恆星輻射，這兩種要素的結合，衍生出所謂「適居帶」（habitable zone）的概念。適居帶的基本定義為，液態水可以在行星表面存在的軌道帶。譬如說，根據賓州州立大學凱斯汀（James Kasting）教授的計算，目前太陽系的適居帶可能位於 0.95～1.7 倍的地球軌道半徑左右。在他的計算中，溫室效應以及地殼活動決定了適居帶的軌道位置和寬度。我們知道，恆星有著不同的質量並且緩慢地在演化著。

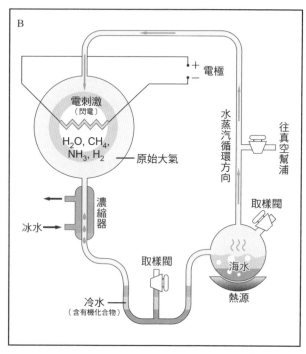

圖一：就原始生命的形成，有兩派假
說。(A)莫契遜（Murchison）隕石內
含多種胺基酸，暗示有機分子可能由
彗星帶到行星上；(B)米勒－尤列
（Miller-Urey）的實驗，支持生命始
於地球上的原始大氣。

（圖B標示）
+ 電極
－
電刺激
（閃電）
$H_2O$, $CH_4$,
$NH_3$, $H_2$
原始大氣
濃縮器
冰水
取樣閥
冷水
（含有機化合物）
水蒸汽循環方向
往真空幫浦
取樣閥
海水
熱源

適居帶的軌道位置和寬度會隨著恆星的輻射強度而變動，因此也會
隨著恆星的質量和年齡而變化。所以就尋找地球以外的生命來說，
天文學家目前可以積極去做的，就是尋找位在其他恆星適居帶的，
類似地球質量的行星。

　　截至目前為止（編者註：2009 年），已發現超過三百個系外行
星（參閱 http://exoplanet.eu），極大多數並非藉由直接探測它們所發

出的光。事實上，行星的光幾乎完全被其母恆星的強烈光芒所掩蓋，很難在遙遠的距離外判別得出來。但是行星和其母恆星會因為重力的交互吸引，環繞共同的質量中心互轉。這使得其母恆星所發出的光譜譜線，能做週期性的都卜勒位移。根據這些譜線的位移，雖然很小，天文學家仍可以計算出行星的軌道。目前發現的系外行星，大多數是質量較大的類木行星。但隨著都卜勒位移的精度提升，天文學家慢慢發現受類地行星擾動的紅矮星。

紅矮星質量約為太陽質量的一半以下，其輻射熱相對也弱了許多，但它們在太陽系附近的數量遠比類似太陽這樣的恆星多得多。2008 和 2009 年，天文學家發現紅矮星葛利斯 581（Gliese 581）有四顆行星。其中一顆編號 d 的行星（Gliese 581d），雖然距離其母恆星大約是 0.2～0.3 倍地日之間的距離，但因紅矮星的總輻射較弱，被天文學家認為此行星很有可能在葛利斯 581 的適居帶內，意味著它可能有海洋（圖二）。

四百年前伽利略為人類對宇宙的觀念開了一扇窗。雖然他以觀測來了解宇宙的方法，被當時的宗教審判所打壓，但是伽利略並不孤獨。就在同一年，克卜勒發表了他的行星繞日軌道理論，之後被稱為克卜勒第一和第二定律。四百年後的今年（2009）3 月，一個以克卜勒命名的太空望遠鏡順利地發射升空。有別於剛才所敘述的都

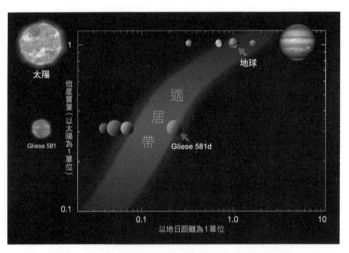

圖二：太陽系以及葛利斯 581（Gliese 581）行星系統的適居帶，行星若位
於適居帶內，意味著其上可能存在有海洋。

卜勒位移偵測方法，克卜勒太空望遠鏡是使用類似日食的概念來發
現系外行星。當一顆系外行星的軌道大略和我們的視線平行時，此
行星會週期性地遮蔽其母恆星的光（圖三）。因為行星遠小於恆
星，所以母恆星被遮蔽的程度，僅有百分之一到萬分之一。但克卜
勒太空望遠鏡的精度卻可以偵測如此微弱的光度變化，使得尋找在
適居帶的系外「地球」輕而易舉。

## 德瑞克方程式

　　人類總是對外太空是否存在著高等文明，感到高度的憧憬和期待。

談到天文與外星生命，人們不免談到德瑞克方程式（Drake equation）。這個方程式的目的是盡可能將相關因素考慮在內，列成一條式子，而且可以由後人推論，繼續增加其中的因子。

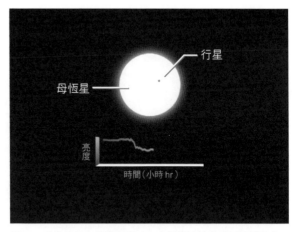

圖三：系外行星在軌道運行時，會週期性遮蔽其母恆星的光。

簡單來說，懂得使用電子通訊的系外文明數（N），可能等於所有銀河系的恆星數（x），乘上一個恆星擁有行星的概率（$P_P$），再考慮在一個適居帶範圍內可能容納多少行星（$n_{HZ}$），以及生命確實可以在適合行星開始的機率（$P_L$），再乘以生命可以進化成資訊文明的機率（$P_I$），和資訊文明可以倖存的或然率（$P_S$）。當然，筆者要強調的是，讀者仍舊可以依照您個人的想法再增加一些其他的因素。但就以德瑞克方程式的基本概念來說，其中的 $P_P$ 和 $n_{HZ}$ 項，預期可以在系外行星的尋找上找到答案，但是後面幾項，將必須仰賴真正接收到的外太空通訊來決定。

在過去幾年內，塞提計畫（Search for Extra-Terrestrial Intelligence,

圖四：豎立在美國北加州的艾倫望遠鏡陣列。

SETI）很可惜地並未接收到任何來自外太空可疑的電子通訊。但是在不久的未來，專職於尋找這類可疑訊號的艾倫望遠鏡陣列（Allen Telescope Array，圖四），將會挑起大梁，對更廣的星空視野和頻率範圍做搜尋，屆時可能會有意想不到的結果，就讓我們拭目以待吧！

## 結　語

　　在我們慶祝全球天文年的此時，緬懷四百年前，伽利略和克卜勒對天文學的貢獻。就在那偉大的一年，克卜勒寫了一封信給伽利略。信中提到：「給予能順著太空中的微風而航行的本領，將會有一些人無懼於星際空間的空虛……所以對這些想要嘗試太空旅遊的人，讓我們一起建立天文學吧」。雖然到其他可居住的星球上旅遊，目前還屬於科幻小說的情節，但是人類順著伽利略和克卜勒的步伐，在觀測技術和系外行星的找尋上，正有著非凡的進展。如果

在未來的十年內，人們發現到許多太陽系以外的「地球」，筆者將
不會感到意外！

（2009 年 9 月號）

# 尋找系外生命計畫

◎—葉永烜

任教中央大學天文研究所、太空研究所

太空探測任務奠基於科技發展之上。本文介紹近來三大太空天文計畫，看人類如何試圖尋找系外生命的存在。

今年（2009）是全球天文年，要義在於紀念 1609 年，伽利略首次用自製的天文望遠鏡，觀察到月球表面高低不平的山脊和坑洞，並發現銀河是由點點繁星構成。翌年，他又發現圍繞木星轉動的四個衛星，促使反對地心說的「天體運行論」進一步被接受。但我們不要忘記，1609 年也是克卜勒根據第谷的觀察資料，準確計算出火星軌道運行位置，發表《新天文學》的一年，並由此奠下克卜勒定律的基礎。

這兩位傑出天文學家的科學工作影響深遠。隨著太空科技的進步，他們的名字也用在天文學和行星科學重要計畫的命名。例如美國航太總署在九〇年代中期的木星探測計畫，便是以伽利略為名。而在今年3月成功發射的克卜勒太空望遠鏡，則是專注於系外行星的

搜索，希望得到的觀察資料，可以為將來尋找系外生物圈的天文計畫鋪路。本文向大家介紹幾個相關的太空天文計畫——木衛二「歐羅巴」探測任務、克卜勒太空望遠鏡計畫，和達爾文太空望遠鏡計畫。

## 木衛二歐羅巴探測任務

　　美國航太總署在 1960 年左右，開始規畫外太陽系各大行星的探測計畫。經過前鋒者 10、11 號，以電漿和太空塵埃粒子測量為主的先導飛航（fly by）觀察，以及航海者 1、2 號的後續攝影儀和紅外光譜儀測量，得到很多重大的科學成果，使我們對木星、土星、天王星、海王星，和它們的衛星系統，開始有所認識。其中數一數二具突破性的發現，包括有木衛一「伊奧」的二氧化硫（$SO_2$）火山噴泉、木衛二「歐羅巴」滿布冰山構造的表面地貌，以及土衛六「泰坦」的濃厚氮（$N_2$）大氣層。

　　在很多太空探測的路線圖中，飛航觀察的下一步，便是把太空船放置於環繞行星的軌道，長時間測量各個衛星和行星磁層的物理過程，以及各種現象的時間變化。所以美國航太總署花了很長的時間規畫伽利略木星任務，中途遭受到許多障礙，而終於在 1995 年發射。在航往木星途中，儘管很可惜太空船的通訊天線發生故障，以

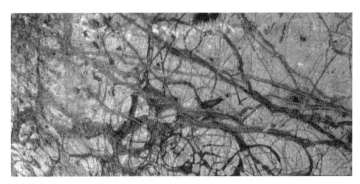

圖一：伽利略太空船飛近木衛二歐羅巴所得的影像。歐羅巴表面冰殼布滿很
多半圓形的裂痕，理論模型指出可能和木星的潮汐作用有關。

致科學資料的質量大打折扣。但任務科學家和工程師協力合作，精
打細算地把最重要的觀察落實。圖一即為木衛二「歐羅巴」表面構
造的一個影像，可以見到一系列可能由潮汐作用而衍生的冰殼裂
痕。

　　此外，伽利略太空船經由天文力學測量，得到「歐羅巴」內部
構造的模型以及磁場觀察數據，兩者均指出，在這個衛星的冰殼之
下，可能存在一個厚達數百公里的地下海洋。而因為地球海洋深處
的底部，便存在一個只靠攝取地氣作為能量來源的微生物生物圈，
所以「歐羅巴」便成為研究生命來源和系外生物圈的科學家，極感
興趣的目標。

　　歐洲太空組織（ESA）和美國航太總署（NASA）因為卡西尼─

惠更斯土星探測計畫，而有著非常良好的合作關係。所以在過去幾年中，開始共同策畫針對歐羅巴的進一步探測計畫。雙方已經同意合作研發這個計畫所需的技術和科學儀器，預計在 2023 年將發射太空船，在 2025 年到達木星系統，開始科學任務。除了用長波長雷達，勘察歐羅巴表面冰殼的厚度分布、由於木星的吸引力而產生的潮汐變化，以及地下海洋的存在與否之外，木星的磁層電漿對歐羅巴的作用也是重點之一。伽利略本人對海洋潮汐的議題有著濃厚的興趣，但他大概沒有想到這可以在他發現的木星衛星派上用場。

## 克卜勒太空望遠鏡計畫

　　歐洲天文學家馬諾（M. Mayor）和桂路士（D. Queloz），在 1995 年首先發現第一個在太陽系外的行星──人馬座 51 Peg。大約也是在這個時候，一組美國天文學家向美國航太總署提議一個叫「克卜勒」的光學太空望遠鏡的計畫（圖二）。在經多次的論證後，終於得到美國航太總署的接納，成為正式的科學任務。但在這段期間，被發現的系外行星數目，已經增加到三百多個。而且，由於測量方法的進步，能偵測到的行星大小，也從約等同木星的大小質量，逐步減少到相當於天王星和海王星的大小質量。（見 http://ex-oplanet.eu/）。

圖二：克卜勒太空望遠鏡。它的 1.4 米光學望遠鏡用來搜尋可能有生物圈存在的類地系外行星。

法國的柯羅德（CO-ROT）太空望遠鏡計畫，巡天觀察附近恆星的掩星效應，更在最近偵察到一個質量僅比地球大兩倍的超級地球 COROT-EXO-76，成分是由石質材料組成。但 CO-ROT-EXO-76 和很多已被發現的系外行星一樣，繞中心恆星運轉的軌道距離非常小，週期只有二十小時，其表面溫度高逾 1000℃。在這個比金星表面更為高溫的環境中，水分早已被蒸發，地表其實是熔岩所形成的「海洋」，不是生物圈容易孕育的地方。

現在開始要進行科學工作的克卜勒計畫，則是特別設計，要尋找距中心恆星不近不遠，可以容許液態水在表面留存的類地型系外行星。根據觀察資料和理論模型，在比太陽質量小的 M 型和 K 型恆星之行星系統中，最有機會找到這類適合生物圈生存的軌道範圍（habitable zone）。所以，克卜勒太空望遠鏡預計在三年半的任務期

間，針對離地球 600～1000
光年的十萬個恆星，作非
常精細的掩星測量，藉記
錄其可見光亮度時間變
化，希望由此找到一些位
在適居帶的類地系外行星
（圖三）。

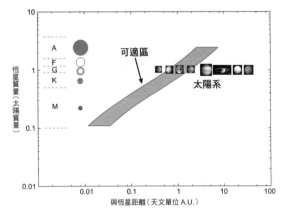

圖三：各類恆星和太陽的適宜生物圈發展的軌道距離（或
稱適居帶）的比較圖。

## 達爾文太空望遠鏡計畫

　　雖然克卜勒太空望遠鏡的靈敏度，遠遠超過地面望遠鏡的水
平，它還是沒有辦法分析大氣成分，也無法辨別所找到的類地系外
行星，是否真的有山有水，甚至是否有生物生活其間。天文學家根
據在地球環境生物圈演化的經驗，提出一個假設，即是其系外生物
圈的來源和成長，都和液態水以及光合作用分不開。美國行星科學
家奧文（T. Owen）在 1980 年提議，以行星大氣中有無臭氧（$O_3$），
作為生物圈是否存在的證據。這個學說影響了過去三十年的思維，
也直接導致下一波的天文生物學的主題計畫：達爾文太空干涉成像
儀望遠鏡。

　　達爾文計畫顧名思義，自然是要用天文觀察來研究宇宙（至少

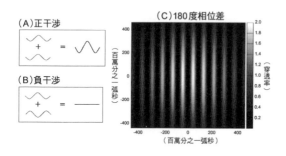

圖四：化零干涉儀的(A)正干涉和(B)負干涉效應的示意圖。以及(C)180度相位差所得的干涉圖形。

在我們的銀河星系）中，萬物演化的歷史和過程。並且結合影像和紅外光譜的方法，來辨認大約二百個可能在不同發展階段的類地系外行星。

這是一個非常富想像力的宏偉科學構想，也把太空科技推到了極限。但其基本原理要回溯到 1978 年，布理斯衛爾（R. Bracewell）一篇非常簡潔的論文，推導所謂化零干涉儀（nulling interferometry）的測量方法。如圖四所示，把兩個望遠鏡看同一物體所得光波作相位的前後移動，便可以產生正干涉和負干涉。在180度相位差的負干涉條件下，可以把中間恆星的亮度完全消除，只餘下比恆星亮度小過十億倍的系外行星。自從布理斯衛爾首次提議後，這個化零干涉儀的設計和操作已經有許多的改善，歐洲太空組織和美國航太總署便準備把這套辦法，用在追尋系外生命的太空任務。

歐洲太空組織主導的達爾文計畫，其構想便是用四個太空船，以陣列方式收集到光束資料，經由另一個太空船加以處理後，再把資訊傳遞回地球（圖五）。為了保持在低溫以便進行紅外光觀察，

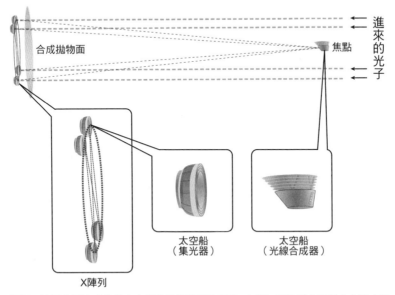

圖五：達爾文干涉成像儀太空望遠鏡的陣列示意圖。如圖，X陣列由四個太空船（集
光器）組成，所收集到的光束資料，經由另一個太空船（光線合成器）加以處理
後，再傳遞回地球。

這組太空船的位置，將遠遠設在月球軌道之外的拉格朗日 L2 點。化
零干涉儀的觀察方法要求四個彼此分隔數百公尺的太空船，其相對
位置的誤差，必須保持在幾公分之內，這是一個極困難也極昂貴的
技術挑戰。但歐美天文學家認為系外生命的發現，將是人類歷史中
最重要的里程碑之一，所以爭先進行這個任務，希望在 2020 年前能
夠實現。

達爾文太空望遠鏡波段是中紅外線（MIR）的 6～20 微米（μm），以偵測系外行星大氣光譜中有無水（$H_2O$）、二氧化碳（$CO_2$）、甲烷（$CH_4$）和最重要的臭氧（$O_3$）的吸收光譜。然後與針對三十九億年前地球大氣層的模擬光譜作比較。由於當時是未有生物圈也沒有光合作用的原始大氣，若和達爾文太空望遠鏡所攝取的系外行星光譜兩相比較，便有可能用來推論這些類地行星到底有沒有生物圈，甚至可以知道是發展到哪個階段。

## 結　語

從伽利略首次用望遠鏡觀察月球和各個天文物體，乃至於如今克卜勒太空望遠鏡的發射，以及緊鑼密鼓規畫中的達爾文太空望遠鏡計畫，天文學在過去四百年間的發展，可說是波濤洶湧。歐美國家明顯都藉以用來催化科技的突破，超越知識的極限。我們周邊的日、韓二國，也開始作同樣的思考，作同樣的嘗試。

事實上，在這裡提到的天文科學成就，從開始到任務的完成，往往需要四十至五十年的時間，不長不短大約也占了四百年的十分之一。如果向上追溯，便可以知道現在的先進天文研究工作，事實上都是因為過去數十年中，許許多多的埋頭苦幹和長期規畫疊加累積，才能夠開花結果，有機會更上層樓。

當哥白尼的《天體運行論》第一次在十六世紀出版後，天主教耶穌教會修士曾把幾本帶到北京來，希望明朝的當權者，能夠對這些科學新知和基礎研究，有所感受並產生興趣。但這些掌握國家命脈的權貴，漠視了這些可以激發人心的重要思維，只對西洋的鐘錶器皿等玩意兒有著極大的愛好，以致錯失良機。我們應趁著全球天文年的機會，除了向宇宙星空探索之外，也要檢討自己過去四百年的歷史，然後知道應該如何往前走得更踏實。

（2009 年 7 月號）

# 在宇宙尋找暖化的線索

◎──梁茂昌、翁玉林

梁茂昌：任職中央研究院，環境變遷研究中心

翁玉林：任職美國加州理工學院

究竟暖化中的地球面對什麼樣的未來，科學家一般只能推測，而沒有證據。
探索宇宙中其他星體的演化，將帶給我們更明確的線索。

近年來，全球暖化已成為國際議題。過去一百年內，氣候確實在暖化，而且很可能是肇因於溫室氣體。受《京都議定書》規範的五種氣體中，二氧化碳對氣候系統影響最大，其含量每增加一倍就會使全球增溫 $2\sim5°C$。以現今的二氧化碳增加率而言，預計到本世紀末其含量就會加倍。暖化的程度是根據現今對氣候系統變化率的知識，依外插法推算出來的。我們不知道 $2\sim5°C$ 是高估或低估。但無庸置疑的是，如果我們繼續干擾大自然系統，不可逆的災難遲早會來臨。

## 水蒸氣與地球演化

　　二氧化碳對暖化的影響時常被誤解，事實上，二氧化碳本身是次要的，造成溫室效應的主要是水蒸氣的回饋作用。水蒸氣是大氣層中最重要的溫室氣體，它才是問題的根源。若不是因為水蒸氣的放大效應，二氧化碳釋放到大氣層中而造成的全球暖化，不會是個嚴重的問題。然而，若沒有水蒸氣，我們人類及其他生物都不可能出現在地球上。以下將探討如何從宇宙外的星體，尋找星球演化的線索，預見暖化中地球的未來。

　　行星誕生於恆星形成的過程中，生命必需的有機化合物也在這過程中合成，目前在彗星、隕石及星際介質中已找到許多有機分子。最複雜的有機分子只在太空微粒表面形成，如此可免於直接暴露於星際間的紫外線輻射。太空中有機化合物的發現大大拓展了我們的視野，並使得「地球最初生命可能來自外太空」的古老說法重新流行。此外，有另一派理論主張地球生命起源於海底的深海熱泉（hydrothermal vents）。

## 望遠鏡與太空船

　　天文觀測分為兩類：傳統觀測（即利用地面或太空望遠鏡進行

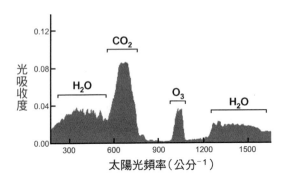

圖一：分子對太陽光能量的吸收圖。橫軸為太陽光頻率（圖中顯示為光波長的倒數），縱軸為分子對光的吸收能力。圖中顯示三種溫室效應氣體：水分子（$H_2O$）、二氧化碳（$CO_2$）和臭氧（$O_3$）。

觀測）及太空船觀測。伽利略是最早使用望遠鏡觀測天空並將結果記錄下來的人。從那時候起，觀測天文學即隨著望遠鏡科技的進步（包括太空望遠鏡的發展）而穩定進展。望遠鏡觀測是藉由測量光譜，使用遙測技術來探測天體。這是研究太陽系外天體，其化學與動力學特性的唯一方法。圖一顯示不同分子對太陽光能量的吸收圖。例如，史匹哲（Spitzer）太空紅外線望遠鏡觀測，發現一個太陽系外行星大氣層中的水，後來哈柏太空望遠鏡觀測也確認此發現。[1]

　　太空船觀測包括遙測及現場測量。太空船是為太空飛行而設計，分成以下幾類：載人太空船，可載太空人或旅客；執行無人太空任務的太空船，則採自動控制或遠程機械控制；留在地球上空不

---

1. 太陽系外行星即 extrasolar planet，簡稱 exoplanet。指的是位於太陽系外的行星。它們並不繞著太陽運行，而是繞著其他的恆星。

遠處的無人太空船，稱之為太空探測器；而留在繞地軌道上的無人太空船，稱為人造衛星。至於專供星際旅行用的星艦，到目前為止還只是個理論上的構想而已。

在太空飛行領域內，由人類放上軌道的物體稱為衛星。為了有別於月球之類的天然衛星，這也稱作人造衛星。人造衛星的用途很多，一般包括軍用（間諜）與民用的地球觀測衛星、通訊衛星、導航衛星、氣象衛星與研究衛星。如今衛星也以很高的時空解析度，在監測全球變遷研究上扮演重要角色。

## 星球的生化演化——暖化前與暖化後版本

現在我們以太陽系天體為例，來推測有機分子從無到有的演化過程。在越過彗星與冥王星的外太空，於太陽形成過程中，原生有機化合物，在星際介質間合成了。後來由於太陽系內天體的形成，凝聚了這些化合物，並為之後的化學與生物地球化學（biogeochemical）演化提供足夠的條件。除了地球之外（圖二 A），另有土星的衛星泰坦（Titan，圖二 B），以及金星（圖二 C）兩個範例。泰坦說明有機物如何形成——科學家相信地球上的生物化學開始並演化之前，其環境與此類似；金星則顯示如果全球繼續暖化，未來地球會是什麼模樣。

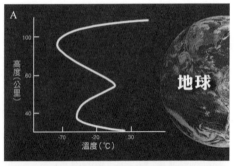

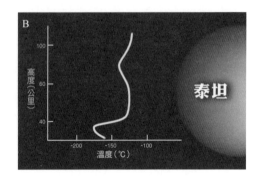

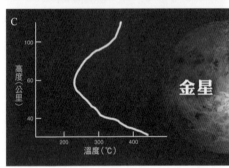

圖二：星體表面垂直溫度變化。(A)地球；(B)泰坦；(C)金星。

　　土衛泰坦自 1655 年被發現以來，即成為學者爭相研究的對象，主要是因為它相當於「天然的實驗室」，提供原始地球（proto-Earth）上化學演化極重要的線索。泰坦橘色的層層薄霧為其最突出的光學特徵，這些薄霧層在控制泰坦的氣候與化學方面扮演關鍵角色，相當於「地球有生命起源以前的臭氧」，能吸收掉太陽發出的破壞性紫外線輻射，保護位於低層大氣或表面、天文生物學上重要的分子，且被認為與三十八億年前地球尚未發展出生命時，地面的

氣懸膠層相似。

　　此外，在太陽系內僅地球和泰坦擁有以氮氣為主的厚大氣層。甲烷占泰坦大氣含量約 2.5%。甲烷與氮氣間的光化學導致大量碳氫化合物與腈類（nitriles）產生。這種非熱平衡的化學提供生命（若存在的話）所需豐富的「食物」，而且可能在生命網絡發揮重要的作用，並為生命的演化作好準備。

　　而金星則提供我們機會，研究太陽系中，水演化的最終過程。根據水來源輸送假說，位於地球附近的金星表面，應該有近似地表的水量，但在現今的金星上卻沒發現這麼多水。一般相信古金星上有豐富的水量，由於太陽的發光強度隨時間而增加，金星接收了比原先更多的能量，以至表面被加熱了，更多的水從海裡被送到大氣層中，使得金星變得更溫暖。等到金星的平均溫度達到某種臨界溫度時（大約 27°C），整個暖化過程成為不可逆的。這就是所謂的失控溫室效應（runaway greenhouse effect，或譯作逃逸溫室效應）。

　　如果我們繼續釋放溫室氣體至大氣層中，在不久的將來，地球也會發生失控溫室效應，不可逆的災難早晚會降臨到我們身上，這種人為的干擾不是大自然所能承受的——所有來自人類活動的碳酸鹽被釋放至大氣，會造成地球大氣層的二氧化碳含量類似金星的大氣層，地表溫度會升高達 500°C。

## 古地球與氧氣大氣層

　　要是沒有產氧的光合作用，地球上根本不可能出現像哺乳類這樣複雜的生命。而在光合作用能夠演化發展之前，個體必須先能夠保護細胞不受氧化作用的損害。然而，光合作用也是氧化劑的唯一來源，因此引出了一個類似「先有雞還是先有蛋」的問題，也是生命史上的一個重大奧祕——酵素的起源。酵素能保護細胞不受氧分子氧化。早在 1977 年，美國加州大學洛杉磯分校的斯赫夫（Bill Schopf）即已認清這問題的本質，他表示，如果沒有氧介酶（oxygen mediating enzymes），最初行光合作用的細胞在釋放出氧氣時就會殺了自己。

　　不過，過氧化氫（$H_2O_2$）可能可以解決這問題，因為它既是強氧化劑，也是還原劑。而且以現有不產氧的光合作用細菌（anoxygenic photosynthetic bacteria，以下簡稱光合細菌）為中心的反應，其氧化能力足以使過氧化氫被氧化為氧分子。然而，為使光合細菌能夠生存，在地球史上某段時期必然曾出現一些能消滅厭氧生物的作用過程，以及一些適合新主流生物出現的條件。已發現的低緯度冰川，甚至原生代的「雪球」事件，均支持以上假說。

## 雪球般的地球

　　雪球地球事件是指嚴重的冰川事件，使得地球上的海洋全部被凍結，整個地球猶如一個冰封的「雪球」。

　　地球史上有兩件低緯度冰川事件，形成赤道也結冰的冰封地球，亦即雪球地球事件，兩者皆與生命演化的重大改變，及大氣中含氧量有關。一是二十三億年前的古原生代（Paleoproterozoic）馬加因（Makganyene）冰川事件，一是發生在七•四～六•三億年前成冰紀（Cryogenian period）時期的低緯度冰川事件——新基生代（Neo-proterozoic）事件。馬加因事件似乎與產氧光合細菌的出現與繁茂很有關聯，而新基生代事件與寒武紀大爆發息息相關。雪球地球事件的嚴重性目前還在爭辯，但已指明至少在陸地上，冰曾延伸至赤道，全球平均溫度低於冰點，使水循環大幅縮減、生物活性大受抑制。

　　岩石記錄指明，在約二十三億年前馬加因雪球事件發生前不久，大氣層與海洋內原本含氧量極低，而事件發生期間，生物圈與水循環的減弱很可能更減低了大氣的含氧量。在太古代（Archean）與原生代（Proterozoic）最早期的非雪球冰河間隔期，產生低含量的過氧化物與氧分子，可能驅動了氧介酶及用氧酶（oxygen-mediating and utilizing enzymes）的演化，並為終將出現的光合作用埋下伏筆。

　　過氧化氫遇到亞鐵離子會產生羥基，對細胞而言是致命物質。錳基過氧化氫酶（能催化 $2H_2O_2 \rightarrow 2H_2O + O_2$ 反應）與能中和超氧離子（$O_2^-$）的超氧岐化酶（superoxide dismutase enzymes），在同時應已適度演化而能保護細胞不受過氧化氫及羥基的影響。這些酶的演化比產氧光合作用的演化更早發生，因此能保護最初的產氧光合有機體。

　　由以上推論，科學家進一步認為過氧化氫在產氧光合作用的起源及演化過程中扮演關鍵角色，因為它既是強氧化劑，也是還原劑，且以現有不產氧光合細菌（anoxygenic photosynthetic bacteria）為中心的反應，其氧化能力足以使過氧化氫被氧化為氧分子。二十四～二十三億年前的休倫（Huronian）冰川事件及二十九億年前的朋哥拉（Pongola）冰川事件，或許還包括其他更早的、未經確認的冰川事件，可能因此刺激了這些酶對氧的耐受性以及光合作用的發展，也刺激了各種氧化酶與過氧化酶的演化。這些酶對於今天的需氧新陳代謝作用是很要緊的。

　　然而僅有像雪球地球事件這樣的全球冰川事件，可能產生足量的過氧化氫並造成全球性影響。在雪球事件期間，由於海水經由海底熱泉循環，鐵離子（$Fe^{2+}$）與錳離子（$Mn^{2+}$）等金屬濃度大增。雪

球事件後，在喀拉哈里沙漠的錳礦場（Kalahari Manganese Field）及新基生代錳沉積區的沉積物紀錄顯示，鐵和錳已被氧化，兩者均可能是過氧化氫的分解和光化學作用產生的結果。

## 全球暖化亮紅燈

地球的氣候會受太陽影響，太陽的短波長輻射能量，主要是在光譜上的可見光或近可見光（即紫外光）範圍。抵達地球大氣層頂部的太陽能約有三分之一直接反射回太空，剩餘的三分之二被地表及大氣層吸收，其中大氣層吸收的部分較少。為了平衡吸收進來的能量，平均而言地球必須將等量的能量輻射回太空。由於地球比太陽冷得多，地球輻射的波長也長得多，主要是在光譜上的紅外線範圍。從地表及海洋發出的熱輻射中，有許多被大氣層（包括雲）吸收後，又再輻射回地球，這就是所謂的溫室效應。就像溫室花房中的玻璃牆使氣流減少，而讓內部氣溫上升；地球的溫室效應也是如此，但卻是經由不同的物理過程。溫室效應使地球表面變暖和，也讓生命有機會照我們所知地發展，如果沒有天然的溫室效應，地表的平均溫度會低至冰點以下，現存生物無法存活。而今，人類的活動，尤其是燃燒化石燃料及大規模砍伐林木，已大大增強了溫室效應，因而造成全球暖化。

氣候本身對氣候系統內部的變化性以及對外部驅動力（如太陽輻射）的反應，是一複雜的課題，會受各種回饋及非線性反應的影響。一個過程會被稱為回饋，表示這個過程的結果，會回頭影響其起源，然後加強（正回饋）或減弱（負回饋）其源頭的效應。水蒸氣由於具有強大的溫室潛能，是正回饋的一個顯例。

　　地球暖化造成大氣層中水蒸氣的含量增加，這件事又回頭增強了暖化，然後進一步增加大氣層中水蒸氣的含量。結果，這種正回饋可能促使系統達到臨界狀態，導致失控溫室效應發生，至終這系統成為類似金星的系統——其大氣層主要由二氧化碳構成，表面壓力約為 100 大氣壓。

　　相對而言，輻射阻尼（radiative damping）則是一種負回饋過程：溫度一上升就會增加向外發出的輻射，因此限制了原本的溫度上升。

　　以上提到的回饋都是物理過程。此外也有生物地球化學上的回饋，其中涉及結合生物學、地質學與化學的過程，二氧化碳就是這樣的例子，大氣層中的二氧化碳含量是受到大氣層、陸地與海洋間的生物地球化學交互作用控制。雲也能造成負回饋，因為它能將更多的陽光反射回太空中。地表暖化後釋放更多的水進入大氣層，因而使雲量增加。這有助於氣候系統保持穩定。然而這種穩定的機制

有其限制，它是在水蒸氣暖化及液態水（即雲）冷卻之間的平衡。

## 天文生物學

洞察太陽系乃至宇宙中生命的起源、演化、分布，乃至未來，是天文生物學的首要任務。在彗星、隕石及星際介質中已經找到許多有機分子。其中，最複雜的有機分子很可能是在微粒表面合成的。最近發現可生存在極端環境中的超級微生物，[2]更拓展了我們對生命的看法──簡單而不像動物或人類那樣複雜的生命，其實是普遍存在的。從發現外太空的有機化合物，到發現地球上極端環境中的超級細菌，我們學到了兩件事：一是塵粒表面化學是合成複雜分子的關鍵；二是生命需要液態水。

路寧（Lunine）於 1999 年提出一個後來廣為流傳的觀點：木衛二歐羅巴（Europa）上可能有液態的海洋，因此上面可能有生命。但它宜人的環境可能太短暫，以致其上的生命體只停留在生命的開端。液態的海洋需要內部的熱源來維持，最可能的熱源是由放射、或是原始熱源（即歐羅巴形成時的殘餘能量）產生。此外，為使生

---

2. 超級微生物（extremophiles），又稱為「超級病菌」（superbugs），指能生存於極端環境，如極熱、極冷、極端壓力、極暗、和有毒廢水中的細菌。

命能夠存續，生命所必需的元素（如碳、氮、硫、稀有金屬）也應該充足。當然，這些元素也可能是彗星帶來的。

2005 年底，執行美國航太總署土星任務的卡西尼號（Cassini）太空船發現土衛二（Enceladus）有不尋常的活動——煙雲狀水蒸氣從南極噴出來。地熱源將水蒸氣推到衛星表面八十公里以外，同時在岩石與液體界面的溫差，使得液態水將岩石風化。

根據探測結果科學家推論出，位於歐羅巴冰殼下方隔絕的地下鹽水海洋，在沒有光合作用，也未接觸具氧化能力之大氣層的情況下，會達到化學平衡，並消滅所有倚賴氧化還原反應梯度的生態系統。這種熱力學的傾向，對任何仰賴化學能的動植物，加諸了嚴苛的限制。在土衛二上，液態水對岩石的風化作用，或任何隨之而來的放射性輻射，都可能成為生命的初始環境；而水循環、化學氧化還原梯度與地球化學循環的結合，則提供了適合生命發展的環境。

根據我們的理解，太陽系中沒有任何地方出現過和地球一模一樣的環境。火星早期可能曾出現過水循環，但如今已無仍舊存在的證據；泰坦上可能曾有許多生物出現前的有機化學物質，但它的環境並不適合生命發展。在其他星球上複製地球生命的可能性微乎其微。所有前面提到過的條件必須在天時地利下湊在一起。

截至 2009 年 10 月 29 日已發現四百零三個太陽系外行星（請參閱

系外行星百科，網址為 http://exoplanet.eu）。多數已公布的系外行星都是類似木星的大質量氣體巨行星，只有少數的質量接近地球。不久的將來，藉由先進觀測儀器（如最近發射的克卜勒太空望遠鏡），應會發現更多和地球差不多大的系外行星，而我們將能研究這些行星如何演化，其大氣溫室氣體與輻射如何作用，以及這類交互作用如何改變氣候（圖三）。目前只知一個行星存在生命──地

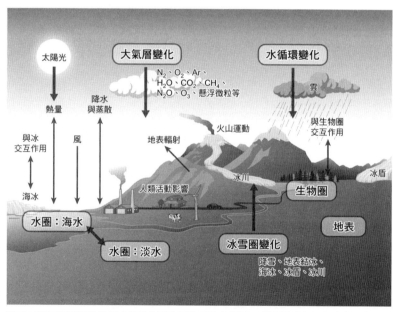

圖三：對氣候系統的各種成分與交互作用的系統化觀點。本圖描述太陽與地表、水圈、
　　　冰雪圈及生物圈之間的交互作用，此外，人類活動也是一項重要的影響因素。

球，因此我們無法直接測試氣候對人類活動及自然變化的反應靈敏度及容忍度，但系外行星能提供一些線索，而天文技術的改進則是關鍵。

（2009 年 11 月號）

# 零距離的天文教育
## ──從遙控天文臺談起

◎──吳昌任、林詩怡

吳昌任：任教臺北市立南湖高級中學地球科學

林詩怡：任教臺北市立中崙高級中學地球科學

過往的天文觀測，受限於時空，須在深夜或凌晨進行；臺北數位遠端遙控天文臺的誕生，讓高中生從自家網路，就可以連線到無光害的臺北夜空。

因緣際會考上國立臺灣師範大學地球科學系，修習天文學與實習課程後，第一次到高山見識到臺灣的星空之美，從此之後，熬夜從事天文攝影成了我們每個月的固定休閒。想要把臺灣高山的天文美景分享給社會大眾，是決心踏入這個領域的主要動力，也是不計成本想把夢想完成的主要原因。

就是因為這樣的心願，使我們分發到國中教授地球科學時，絞盡腦汁也要把天文所帶來的快樂，灌進身陷聯考壓力的學生腦中。不奢望其中有學生因此從事天文研究，只希望能為他們枯燥的生活

圖一：臺灣新中橫公路的夫妻樹星跡。

帶來一些驚奇，和對臺灣星空的希望。在每週僅一節課的地科課堂上，要兼顧進度與自己的理想，只有藉著不斷地改進課程型態才有可能做到。

當時的我們受到恩師傅學海教授的熱情感召，加入主要由系上畢業且任教於中學的學長姐們，組成的河瀚天文讀書會及臺北市天文協會，利用假日或寒暑假舉辦觀星活動或天文營隊，也嘗試帶領由愛好天文的社會人士組成的樂觀天文讀書會，並與傅教授到臺北縣永和社區大學開設天文學概論的課程，課餘時間的活動幾乎都離不開天文。

後來到高中任教地球科學之後，除了教學專業的彈性空間較大，還有天文社團的時間，在學校中可以發揮的就多了。但是，天真的我們小看了天文教育這個龐大事業，一旦投入其中，想要中途停止，就覺得浪費了別人對我們的期許。現在頭洗了一半，不完成

不行，表面上看起來似乎無奈，其實，當看著天文教育拼圖一片、一片的組合起來，心中的喜悅是無可比擬的。

## 從遠端遙控天文臺

小學生可以利用星座故事、野外觀星活動來引起對天文的興趣。到了高中，如果還是這樣，只多了到野外觀測活動，可能會讓學生有天文艱深難懂、或者天文也不過如此的兩極化感受。

會出現這樣的問題，主要的原因，就是一般天文臺通常設立在預算較多的都會區，會受到天氣及光害的影響，觀測成功率不高，再加上學生白天得上課，學生觀測時老師也得在天文臺現場，夜間無法兼顧家庭等因素，使得校園天文臺使用率很低。如何幫學生跨越這個門檻，是我們執行天文計畫的初衷，而建置真正的遠端遙控天文臺，是唯一的解決方案。

但要籌建一座真正無人在場即可讓學生在家遠端遙控的天文臺，確實需要極大的勇氣，對欠缺這方

圖二：位於臺北市立南湖高中頂樓的臺北市數位遠端遙控天文臺（Remote Observatory of Taipei, ROoT）。

面經驗的我們而言，也是一項考驗。感謝臺北市教育局資訊室及南湖、中崙高中兩校的支持，臺北市數位遠端遙控天文臺（Remote Observatory of Taipei, ROoT）在 2005 年 6 月於臺北市立南湖高中的頂樓設置完成。這不僅是夢想的實現，也是推動天文教育的基礎；「根」，就是這座天文臺的英文縮寫，希望學校內的課外天文教育能從這裡開始紮根做起。

經過三年對臺北縣市師生的免費培訓與開放推廣，證實遠端遙控天文臺是解決學生夜間觀測問題的好方法，因為所有的儀器問題都集中解決了。學生在夜間七點至凌晨四點，透過網路遙控拍攝天文變成一件很容易的事。凌晨三點拍到第一張天文影像，可能會像某位學生一樣，興奮到把熟睡中的爸媽叫起來看。回想我們以前也曾瘋狂地拍星星、月亮、太陽等，如果沒有教學這個可以發揮的管道，不可能會將這麼累人的事當作是休閒活動，更不可能持續對天文攝影感興趣。但大多數學生第二次拍到天文影像後，通常只覺得很有成就感，之後就會慢慢降低興趣。因為這些影像除了好看，學生並不知道還有什麼其他意義，因此，針對學生的天文訓練課程計畫也就應運而生。

### 讓學生親身操作天文實驗

ROoT 啟用後四個月,從 2005 年 10 月起,為了彌補學校正規教育的不足,我們同時開辦針對高中職學生的天文實驗室課程。

天文實驗室一詞是源自以前臺北市天文協會在師大傅學海教授的規畫下,每個月一次的天文實驗活動,雖然現在已經停辦了,但有好幾位曾經參加過且後來也走向天文的學生,就是深受此活動影響,所以我們沿用這個具有歷史意義的名稱。

不過號稱 e 世代的高中生,電腦程度落差之大,讓我們感到意外。有人可以自己組裝電腦,有人卻是程式捷徑不在桌面上就不會用了。這類使用上的問題,可

圖三:臺北縣市高中職學生利用課後時間來參加天文實驗室課程。

以透過夜間的「遠端遙控熱線」馬上解決（就是打電話給我們啦！）。學生對於純文字說明的講義理解度很低，極度依賴圖像式說明，還好也可以藉由擷取每一操作步驟的電腦畫面來改善。只是這些都是我們之前沒想到的問題。

當學生操作遠端遙控天文臺的瓶頸解決了，反而需要更多的配套課程來協助理解與處理、分析影像。現在的天文實驗室課程包含兩大部分：天文知識與天文數位影像分析。有了遠端遙控天文臺，必須配合天文數位影像分析的課程。學生在輪流排程遙控觀測的過程中，須搭配逐步學習影像處理及分析方法，才能為拍攝到影像時預作準備。

天文知識課程則是從星座盤的使用、天球、恆星視運動、太陽視運動、月相盈虧到日月食等主題，利用教具或動手做的實驗課程，引導學生深入了解，並提供天文觀測的基本概念。

其實，高中生應該在國小階段就已經獲得上述課程相關的基礎知識了，然而我們卻發現，儘管學生很會做紙筆測驗，但如果題目有些變化，往往就無法舉一反三。如何將在地球上的經驗應用到其他星球上，這對於未來可能到地球之外旅行，甚至定居的新生代而言，理應是很重要的；而如何將正確的觀念傳授給學生，且還能引發學習動機，那麼利用一些學生較感興趣的題材當引子是少不了的。

對於嚴肅看待天文教育的人來說，占星學是天文課程中不可出現的話題，但是現在的高中生學習星座，其中一個隱藏的目的就是為了這個。如果我們為了迴避而喪失教育機會，是否意味著教育工作者沒有做到「解惑」這個任務呢？幾經考量，我們大膽的將占星術融入星座盤教學中。若教學活動結束後，大部分的學生因此更相信占星術的話，那恐怕這樣的課程確是方向偏差了！

　　融入占星術的另一目的在於學生可以立即學以致用。教完星座盤的使用方法後，從「同樣的星空可以出現在其他日期、其他時間」作為連結，讓學生對於自己為何是這個星座感到興趣。說明太陽星座以及其他黃道星座的定義後，讓學生依定義在星座盤上找出自己的太陽星座。

　　因為地球自轉軸進動的關係，每年曆法的起始點——春分點向西移動，也因此大約有三分之二以上的人，其太陽星座會變成前一個，例如 2 月 1 日

圖四：根據傳統占星術，8 月 2 日出生的人其太陽星座為獅子座。不過，根據我們拍攝的這張影像來看，當日太陽是在金牛座的下一個星座，也就是雙子座的方向上，與傳統占星術所說的不同。

出生的人根據現在的占星術說法，屬於水瓶座，但修正後卻屬於摩羯座！這樣的結果對學生的衝擊很大，也是我們最想要的效果，因為觀念衝擊就是學習的動機。

解釋這個問題的成因固然重要，但是此時學生更關心的是「我該相信哪一個星座」的矛盾，引導學生思考印證方法的過程，也就是在教他未來遇到類似觀念衝擊時的處理邏輯。

這套課程的最後，為了讓學生能更清楚地了解老師想要傳遞的訊息，我們將過去一年星座運勢中的星座名稱刪除，讓學生從十二種星座運勢中選擇和自己去年遭遇最像的描述。此時學生才會發現占星術所敘述的內容其實符合大多數人的情況，如果先認定自己是那個星座的人，才去看這個星座的描述，就會覺得占星術說得很準。老師所要表達的內容，不言而喻，最後，若能再舉一些自己的例子，就是更好的說服工具；我們經常以自己為例，說明速配指數的玄機。不過，這需要極大的信心，因為如果以自己的婚姻為例子來說明速配指數的謬誤，如果哪一天情況改變了，反而變成速配指數的最佳驗證。

就這樣，星座盤使用課程轉變成學習地球進動、黃道、黃道星座定義與破除迷信的綜合體。雖然感覺有點偏題，但這些不正是國民教育中包含天文的目的嗎？

另外，利用一些簡單而且可以重複使用的實體教具輔助教學，讓每堂天文課都像實驗課！例如，以壓克力半球當作天空，用竿影紀錄反推出太陽在天上的視軌跡，這樣的立體視覺，可以幫助學生理

圖五：參加天文套裝課程的研習教師，利用已上色的保麗龍球觀察行星在不同位 置時的亮暗面變化。

解書上的圖所代表的意思，也可以讓不同的學生做多方面觀察與發現。利用塗色的保麗龍球來探討月相變化成因，是許多天文教育者常用的把戲，這樣的教具也可用在理解各行星運行時，從地球上所看到的受光面形狀，給學生的印象就會比直接講述的深刻許多，有心學習的學生，也可以在回家後以類似的材料製作教具，隨時解決心中的疑問。

　　課程中的許多自製教具，都是為了幫助學習者更直覺地觀察與理解，這是從幼稚園大班到社區大學的阿公阿媽都會的能力，所以這些教材的適用年齡範圍可以非常廣。

　　電腦動畫的效果不會更好嗎？不會！以月相成因為例，電腦動畫可以模擬出好幾個角度所看到的情景，但是，因為月球不會發光

而使得月球從太空中看起來永遠一半亮一半暗的現象，卻無法從中得到資訊。把壓克力塗上顏色不也一樣作假嗎？我承認，這也是我們正努力克服的地方。

　　科技只是工具，也許可以暫時吸引住學生，但是應用在適合的地方，才能顯現出價值，否則充其量只是個花招。

### 生動的天文影像資料庫

　　自然科教師在天文教學方面最大的困難之一，就是難以取得中文化說明的靜態及動態授權影像。建置天文數位影像資料庫（Astronomy Image Database, AID），除了提供天文實驗室媒材，讓參與課程的學生能利用真實的檔案與資料練習之外，更可以讓其他教師由此資料庫中免費得到沒有版權爭議的課程素材，充實天文課程的內容。

圖六：2006 年 3 月 29 日於利比亞境內撒哈拉沙漠所拍攝的日全食影像。利用軟體將不同曝光值的影像疊合處理，顯現出由內到外的日冕細節以及中央月面。日全食數位影像也製作成影片，可至天文數位影像資料庫（AID）觀看。

　　特殊天象是天文教育的最好時機，在人的一輩子中

圖七：2005 年 10 月 3 日於突尼西亞所拍攝的日環食影像。

重複出現的機會很高，如果這次來不及看，下一次就應該好好把握。將現在發生的特殊天象以全天魚眼攝影設備記錄下來，透過數位式星象儀播放，可以讓向隅的民眾重回天象現場，也為未來的特殊天象做準備。

　　另外，哈柏太空望遠鏡等先進觀測技術不斷地為天文界帶來新發現，這些新發現都會引起民眾的興趣；但是，這些影像卻因為視野、電腦處理等因素，讓大多數的民眾認為這些影像在「另一個外太空」，而不在我們平常看到的星空裡，也不在可以理解的範圍之內。天文影像資料庫建置完成後，將可以針對這些最新的特殊發現，呈現中文化的資訊，並由全天魚眼照片、星座照片、星雲照片等不同尺寸的影像，一步步讓民眾知道這個新發現是在天上的哪個位置，消除專業與一般民眾之間的隔閡，讓民眾在家自學天文，加速天文推廣。

　　圖八為其中一個例子，前三幅影像中的白框，放大後即為其下方的影像範圍。

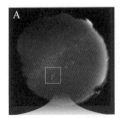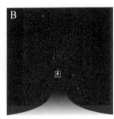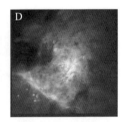

圖八：建置天文數位影像資料庫（Astronomy Image Database, AID），讓遙遠而抽象的外太空影像資料，更貼近人們的感知與印象。在 A 至 D 四個圖中，分別呈現一個視野中不同尺度的影像。(A)冬季星空全天魚眼影像，其中白框為獵戶星座影像；(B)圖中白框部份放大即為圖(C)的 M42 獵戶座火鳥星雲影像；(D)為一般民眾看到的哈柏太空望遠鏡的影像，相當於圖(C)中的白色框位置。

## 理想中的天文教育藍圖

　　上述這些已經是天文教育的全部嗎？當然不是！我們理想中的天文教育藍圖除了遠端遙控天文臺、天文實驗室的套裝課程、天文數位影像資料庫，還有規畫中的高山遠端遙控天文臺、高山天文教育園區、可觀測真實星空的多功能星象儀等。目前只進展到優先的必要項目，待其他部分陸續完成後，每個計畫還會有更多的應用範圍與價值。

　　例如數位遠端遙控天文臺，目前針對臺北縣市的高中職學生開放，未來高山遠端遙控天文臺設置完成之後，將轉為供初階使用者練習及一般觀測用，而且不排除對臺北縣市民眾開放。另外像是「ROoTAtlanta」與「ROoTAustralia」計畫，則是分別在美國喬治亞州亞特蘭大（前中央大學天文研究所所長蔡文祥教授的自家後院）

及南半球地區，建置類似的遠端遙控天文臺。這幾個天文臺串連起來之後，臺灣的使用者不僅可以日夜連續觀測，也能觀測在臺灣所見不到的星空。可以全臺走透透的天文車，除了是下鄉推廣天文的利器，一但完成之後，更可以當作是記錄重要天象時的機動天文臺，前往天氣較佳的地方觀測，再以直播方式分享給全世界。

受限於人力與經費，其他相關的計畫仍未動工。我們希望整個天文教育藍圖都完成之後，可以讓臺灣的天文教育推廣不再因為人、事、時、地、物而停滯，想學天文的人不再因為找不到門路而放棄，而是可以隨時隨地挑自己感興趣的學，無形之中提升臺灣的天文基本素養，充實大家的夜生活。

（本文圖片皆由作者提供）

（2009 年 1 月號）

# 探索宇宙的電眼
## ──電波望遠鏡動手做

◎─曾耀寰

> 望遠鏡將人類世界和宇宙星際連接在一起，而電波望遠鏡的出現，使我們能夠望進宇宙的更深處，藉由接收電磁波訊號，描繪外太空的面貌。

四百年前，伽利略自行改良製作可見光望遠鏡，指向宇宙，為天文觀測研究開啟了一扇天窗。由於望遠鏡的使用，讓人類觀測宇宙的解析能力大幅提昇。

### 望遠鏡解析力

我們看物體的解析力取決於兩個因素：物體發出光的波長，和接收光線的孔徑大小。以肉眼為例，孔徑大小就是瞳孔大小，通常光線不足時，肉眼的瞳孔大小在 4～5 毫米。而望遠鏡的孔徑大小則是口徑大小，以伽利略所用的望遠鏡為例，口徑為 22 毫米，約是瞳孔的五倍，所以根據理論計算，對觀察同一影像，伽利略望遠鏡的解析能力就是肉眼的五倍。望遠鏡口徑越大，解析能力越佳。

解析力也取決於觀測的波長，波長越長，解析力越差。舉例來說，同樣口徑的望遠鏡，電波望遠鏡的解析度就比可見光望遠鏡來

得差。所謂可見光，是肉眼可見的光，波長在 390～380 奈米之間，顏色依波長從長到短排列，為紅、澄、黃、綠、藍、靛和紫色。可見光和無線電波、紅外線、紫外線、X 射線一樣，都屬電磁波，只是波長不同。無線電波波長大多比數 10 公分還長，如收音機 FM 波段的節目是屬於波長約 3 公尺的無線電波，AM 波段的波長更長，可達數百公尺，也有一些無線電波的波長高達數公里。微波波長比 FM 短，大約是 1 毫米到 1 公尺左右，一般家用的微波爐使用的頻率是 2.54 GHz，波長約 10 公分。10 公分波長的微波是波長 550 奈米黃光的二十萬倍，也就是說要有相同的解析能力，電波望遠鏡的口徑必須是可見光望遠鏡的二十萬倍。

人類最先發展可見光望遠鏡的原因不言可喻，是為了有更高的解析力、想要將宇宙看得更清楚，於是望遠鏡就越做越大。而其他波段的天文觀測得在相關理論與技術成熟發展後，才有突破性進展，電波天文學就是一個例子。

## 從無線電到電波望遠鏡

電波望遠鏡的肇始和無線電通訊有關，1931 年，美國無線電工程師央斯基（Karl G. Jansky）為了找尋暴風雨來臨的方向，以便讓無線電接收天線遠離暴風雨所帶來的雜訊干擾，設計了一臺號稱旋轉

木馬的電波天線，這臺旋轉木馬長 30 公尺，高 4 公尺，有四個輪子，整臺天線每二十分鐘繞中心轉一圈。旋轉木馬專門接收 14.6 公尺的無線電波，根據央斯基的研究，雜訊來源除了鄰近和遠方的暴風雨外，還有一個不明來源，這個來源在天空的位置會有將近二十四小時的變化周期，就像太陽東昇西落一樣；因此他認為該電波應該是來自外太空，而非地球。他進一步測量發現，變化週期比二十四小時少四分鐘，也就是說該來源應該是來自太陽系外的遠方天體，位置指向我們的銀河中心。

央斯基所量到的電波確是源自我們的銀河中心，不過由於旋轉木馬的解析能力和靈敏度太差，無法像可見光望遠鏡一樣清楚拍攝出天體的模樣。央斯基曾提議建造直徑 30 公尺的電波天線，但由於沒有後續的經費支持，他沒能繼續電波望遠鏡的研究。1937 年，美國另一位無線電工程師雷柏（Grote Reber）在自家後院建造了第一座直徑 9.5 公尺的拋物面反射式天線（圖一）。剛開始雷柏用他的望遠鏡接收 9.1 公分的電波，但一無所獲，於是他繼續探索波長更長的訊號（33 公分），直到 1939 年，將波長延伸到 1.87 公尺才有斬獲。他在銀河盤面附近接收到明顯的電波訊號，並在 1944 年繪製出第一幅電波影像（圖二）。之後發生第二次世界大戰，所有研究就此停擺，但電波天文學的後續發展卻和二次大戰期間所使用的雷達技術

息息相關。

　　二次大戰的英國飽受德國海空的攻擊，天上的轟炸機、海底的潛水艇，對這個以海峽與歐洲大陸隔離的英國，是不小的打擊。雷達可預先得知轟炸機的夜襲，也可找到躲藏在深海的潛水艇，對英國而言，是賴以維持戰局的重要技術。大戰結束後，相關技術及人才並不因此中斷研究，許多雷達科學家轉入電波天文學的領域，將雷達技術轉向外太空。剛開始的電波天文學，就是以英國作為重要的發展基地，曼徹斯特和劍橋大學都是電波天文學重鎮，劍橋的賴爾更以他在電波天文的貢獻獲得 1974 年諾貝爾物理獎。

圖一：美國電波工程師雷柏（Grote Reber）在自家後院建造的第一座直徑 9.5 公尺的拋物面反射式天線。

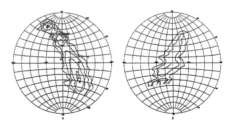

圖二：雷柏用他的望遠鏡接收到 1.87 公尺的電波，並在 1944 年繪製出第一幅電波影像。

## 小耳朵與外太空

　　現在常見的電波望遠鏡是由一面碟型的天線所構成的，長得很像一般家用的小耳朵，電波打在碟型天線，然後反射、聚焦，在焦點位置放置接收機、或另一個反射面，就像可見光的凱賽格林（Cassegrain）反射式望遠鏡一樣，將電波聚焦在碟型天線的後方。不論哪一種，主要零件都包括碟型天線、接收機、放大器和記錄器。原則上，碟型天線將電波訊號收集、聚焦，然後傳送到接收機，接收機再將電磁波轉成電訊，透過放大器將訊號強度放大，最後送到記錄器將訊號記錄下來，之後分析資料，得到結果。

　　除了單一天線的電波望遠鏡外，當前一流的電波望遠鏡大多是由多面天線所組成，透過多面天線同時觀測同一天體，就好像是一面特大口徑的電波天線，能得到更高的解析度。望遠鏡解析度總希望越高越好，就像數位相機要求高畫素，現今市場最夯的高檔數位相機都有千萬以上畫素！解析度高的影像可以看到更細微的結構，例如圖三 A，像素很低、解析度很差，整張影像只能看到一個個正方格的像素，勉強看出中央有深灰色物體的模樣；當解析度高一點，如圖三 B，可以看到前方的深灰色物體有點像是一臺碟型天線，後方仍很模糊；當解析度夠好的時候（圖三 C），可以清楚看出

前方是中研院天文所位在夏威夷的次毫
米波望遠鏡，後方還有一臺，遠方有三
座天文臺，還有一些殘雪鋪蓋在地上。

　　專業的電波望遠鏡都需要非常大的
口徑，才能得到足夠的解析度，但對電
波天文學有興趣者，也可以自己動手做
電波望遠鏡，透過動手做的過程，得到
使用電波望遠鏡的經驗，不要忘記，雷
柏就是在自家後院建造人類第一座碟型
電波望遠鏡呢。

　　由於電子商品的普及，一般家庭的
視聽娛樂，除了傳統無線的類比和數位
電視臺外，還可收看有線電視節目，甚
至市場出現機上盒等產品，客戶可以透
過高速電腦網路，將節目傳到家中，並
依照個人喜好，選擇想收看的節目。另
外還有一種選擇，就是透過衛星天線
（俗稱的小耳朵）收看衛星電視，又稱
為 TVRO（TV receive only）。TVRO 所接

圖三：解析度高的影像可以看到更細
微結構。(A)像素很低、解析度很
差，整張影像只能看到一個個正方
格的像素，勉強看出中央有深灰色
物體；(B)解析度較高的情況下，可
以看到前方有點像是一台碟型天
線，後方仍很模糊；(C)當解析度夠
好時，可清楚看出前方是中研院天
文所位在夏威夷的次毫米波望遠
鏡，後方還有一台，遠方有三座天
文台。

收的衛星節目可能來自不同的國家，讓消費者有更多節目選擇。小耳朵接收節目的方式比較特別，不像無線電視接收當地電視臺的訊號，也不像從第四臺的電纜或寬頻網路直接接收，而是接收運行在外太空的衛星訊號。透過人造衛星的轉播，我們便可接收其他國家的電視節目。

　　接收衛星電視的節目，除了必備電視機，還要有衛星天線和接收機。衛星天線包括碟型天線和集波器（LNB，或稱做放大降頻器），集波器置放在天線前方的焦點位置，藉由同軸電纜連接到後方的衛星接收機，然後將電視機接上接收機，便可以接收衛星電視節目。

　　現今常見的衛星天線長得很像碟型天線，碟型天線的表面呈拋物面形狀，將打在拋物面上的電波，聚焦到拋物面的焦點，通常碟型天線會設計成正焦天線和偏焦天線兩種（圖四），正焦天線的焦點在鏡面的正前方，顧名思義，偏焦天線的焦點是偏在一側。偏焦天線的優點是接收用的集波器，不會擋在進入天線的電

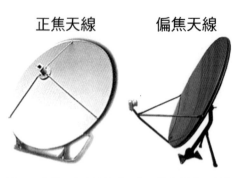

正焦天線　　　偏焦天線

圖四：碟型天線會設計成正焦天線和偏焦天線兩種。

波路徑上，因此對波長較短的訊號有較好的靈敏度，由於小口徑天線收集較少的電波訊號，因此常利用偏焦的特性。

　　正焦天線所聚焦的位置則是在拋物反射面正前方的焦點上，接收電波訊號的儀器可以放在焦點位置，也可以在焦點上放置次級反射面，就像可見光的凱賽格林望遠鏡，正焦天線的焦點位置放置次級反射面，反射之後進入一排的集波器。另一方面，偏焦天線的焦點則是在一邊，當電波以特定角度打在天線反射面上，再以相同的入射角度反射到集波器（圖五），通常商用偏焦天線的角度約 20度。從商用衛星天線的長相，讓我們聯想到電波天文學家所用的望遠鏡，不論是正焦天線、凱賽格林式天線和偏焦天線，都有用在世界一流的電波望遠鏡上，因此我們可以嘗試用衛星天線系統充當電波望遠鏡，做一些簡單的太陽或月亮的電波觀測，並藉由觀測的過程了解電波天文學家是如何觀測來自外太空的電波。

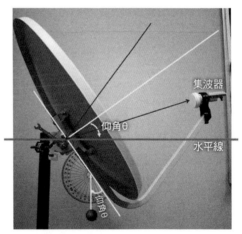

圖五：偏焦天線的焦點是在一邊，當電波以特定角度打在天線反射面上，再以相同的入射角度反射到集波器。

## 動手做望遠鏡

2008年5月期間，臺北市建國中學和中研院天文所合作，首次舉辦「電波天文望遠鏡動手做」資優研習活動，限於人力與經費，只讓臺北市二十多名高中學生參與。在動手建造電波望遠鏡的過程中，我們盡量使用商品化的零件，主要的零件有碟型天線、集波器、尋星儀。由於衛星電視所占用的頻道有 C 頻和 Ku 頻兩種，C 頻的頻率為 4GHz，Ku 頻則是 12GHz。由於 C 頻的波長比 Ku 頻長，需要選擇較大口徑的天線，礙於經費限制，只選擇了 60 公分的天線。市面上常見天線的口徑有 45、60、80、120、150 和 180 公分，C 頻最好選擇 80 公分以上的天線。集波器的種類有很多種，但都需要配合接收的頻率。尋星儀的主要功用是要找尋人造衛星的位置，當碟型天線指到特定的人造衛星，尋星儀的儀表板會有較強的訊號輸出，我們才能利用尋星儀讀出訊號的數值。

在整個活動當中，學生透過團隊合作，各自組裝出 Ku 頻的電波望遠鏡。學生藉由電波望遠鏡測量生活周遭的電波訊號，如日光燈以及燈泡。之後又實際觀測太陽的電波輻射，雖然活動時間較短，且儀器的解析度和靈敏度不足，但學生透過動手做的演練，了解到整個電波望遠鏡的基本觀測知識，這不是一般課堂上所能學習的。

未來有機會，希望能夠引進電波的干涉技術，提升望遠鏡的解析力。

1996 年好萊塢電影《外星人入侵》（The Arrival）裡頭的男主角（查理辛主演），利用電波望遠鏡發現地球上的外星人與外太空通訊，他將一般家庭的小耳朵天線連接起來，遠端控制所有的家用小耳朵天線，同時尋找外星人的訊號，這就是電波干涉儀的基本概念。雖然只是科幻電影的構想，理論上是行得通的，但受限於衛星天線的接收頻率，因為這樣的電波望遠鏡只能接收某些特定頻率的訊號，例如 4GHz 或 12GHz，所以連帶限制了可觀測和研究的範圍。

另外可以結合機械控制與電腦網路，透過網路遠端控制望遠鏡，這也是有趣的課題。臺灣的電波天文研究已趨世界水準，業餘的電波天文觀測卻還只在起步的階段，唯有專業和業餘的電波研究同時發展，讓更多有興趣的人參與，才能讓電波天文學在臺灣生根茁壯，讓更多的人透過電波望遠鏡欣賞我們的宇宙。

（本文圖片皆由作者提供）

（2009 年 1 月號）

100台北市重慶南路一段37號

# 臺灣商務印書館　收

對摺寄回，謝謝！

# 傳統現代　並翼而翔

Flying with the wings of tradtion and modernity.

# 讀者回函卡

感謝您對本館的支持，為加強對您的服務，請填妥此卡，免付郵資寄回，可隨時收到本館最新出版訊息，及享受各種優惠。

■ 姓名：＿＿＿＿＿＿＿＿＿＿＿＿＿＿＿　性別：□ 男　□ 女

■ 出生日期：＿＿＿＿＿年＿＿＿＿月＿＿＿＿日

■ 職業：□學生　□公務(含軍警)　□家管　□服務　□金融　□製造
　　　　□資訊　□大眾傳播　□自由業　□農漁牧　□退休　□其他

■ 學歷：□高中以下（含高中）□大專　□研究所（含以上）

■ 地址：＿＿＿＿＿＿＿＿＿＿＿＿＿＿＿＿＿＿＿＿＿＿＿＿＿＿

＿＿＿＿＿＿＿＿＿＿＿＿＿＿＿＿＿＿＿＿＿＿＿＿＿＿

■ 電話：(H) ＿＿＿＿＿＿＿＿＿＿＿　(O) ＿＿＿＿＿＿＿＿＿＿＿

■ E-mail：＿＿＿＿＿＿＿＿＿＿＿＿＿＿＿＿＿＿＿＿＿＿＿＿＿

■ 購買書名：＿＿＿＿＿＿＿＿＿＿＿＿＿＿＿＿＿＿＿＿＿＿＿＿

■ 您從何處得知本書？
　　　□網路　□DM廣告　□報紙廣告　□報紙專欄　□傳單
　　　□書店　□親友介紹　□電視廣播　□雜誌廣告　□其他

■ 您喜歡閱讀哪一類別的書籍？
　　　□哲學‧宗教　□藝術‧心靈　□人文‧科普　□商業‧投資
　　　□社會‧文化　□親子‧學習　□生活‧休閒　□醫學‧養生
　　　□文學‧小說　□歷史‧傳記

■ 您對本書的意見？（A/滿意　B/尚可　C/須改進）
　　　內容 ＿＿＿＿＿＿編輯＿＿＿＿＿校對＿＿＿＿＿翻譯＿＿＿＿＿
　　　封面設計＿＿＿＿＿價格＿＿＿＿＿其他＿＿＿＿＿＿＿＿＿＿

■ 您的建議：＿＿＿＿＿＿＿＿＿＿＿＿＿＿＿＿＿＿＿＿＿＿＿＿

＿＿＿＿＿＿＿＿＿＿＿＿＿＿＿＿＿＿＿＿＿＿＿＿＿＿＿＿＿＿＿

※ 歡迎您隨時至本館網路書店發表書評及留下任何意見

## 臺灣商務印書館　The Commercial Press, Ltd.

台北市100重慶南路一段三十七號　電話：(02)23115538
讀者服務專線：0800056196　傳真：(02)23710274
郵撥：0000165-1號　E-mail：ecptw@cptw.com.tw
網路書店網址：www.cptw.com.tw　部落格：http://blog.yam.com/ecptw